[英] 爱德华·德·博诺 著
Edward de Bono
冯杨 译

我对你错

·从岩石逻辑到水的逻辑·

I AM RIGHT YOU ARE WRONG

山西出版集团
山西人民出版社

Edward de Bono
I am Right You are Wrong

图书在版编目（CIP）数据

我对你错/（英）博诺著；冯杨译. —太原：山西人民出版社，2008.11

ISBN 978-7-203-06244-8

Ⅰ. 我… Ⅱ. ①博…②冯… Ⅲ. 思维方法 Ⅳ.B804

中国版本图书馆 CIP 数据核字（2008）第 166057 号

版权合同登记号 图字：04-2008-010 号

我对你错

著　　者：（英）爱德华·德·博诺
译　　者：冯　杨
责任编辑：王晓珑
选题策划：北京汉唐阳光

出 版 者：山西出版集团·山西人民出版社
地　　址：太原市建设南路 21 号
邮　　编：030012
电　　话：010-62164516
0351-4922220（发行中心）
0351-4922235（综合办）
E - mail：fxzx@sxskcb.com
web@sxskcb.com
Renmshb@sxskcb.com
网　　址：www.sxskcb.com

经 销 者：山西出版集团·山西人民出版社
承 印 者：北京通州兴龙印刷厂

开　　本：880mm×1230mm　1/32
印　　张：9.625
字　　数：200 千字
印　　数：1-10000 册
版　　次：2008 年 11 月第 1 版
印　　次：2008 年 11 月第 1 次印刷
书　　号：ISBN 978-7-203-06244-8
定　　价：28.00 元

Edward de Bono

作者简介

爱德华·德·博诺博士曾任教于牛津大学、伦敦大学、剑桥大学和哈佛大学。他被全世界公认为创造性思维领域的权威，被誉为“创新思维之父”。他原创了“水平思考”（Lateral Thinking）这一概念，被收入权威的《牛津英语大词典》。他出版了62本书，这些书已经被译成37种文字。在因特网上，涉及他的信息已超过了4 000 000条。

德·博诺博士曾受邀前往52个国家举行讲座和出席国际会议。1989年，他被邀请去主持一个由诺贝尔奖得主参加的会议。许多世界知名的公司都受益于他关于如何思考的指导建议，这些公司包括微软、摩托罗拉、松下、麦当劳、IBM、杜邦、壳牌石油、可口可乐、通用、柯达、英国航空、麦肯锡、福特，等等。国际天文学组织用他的名字给一颗行星命名，而南非的一个教授协会把他誉为历史上对人类贡献最大的250个人物之一。

德·博诺博士设计了直接教授思考技巧的学校教育课程——CoRT思维训练课程。现在，世界上已经有很多国家的大中小学在采用这一课程。

德·博诺博士的主要贡献在于：他将大脑理解成自我组织的信息系统。正是在这一坚实的理论基础上，他设计出了一系列实用的思考工具。从世界知名的大公司，到四岁的孩童，他的思考工具都得到了有效的运用。他设计的六顶思考帽方法，第一次为西方思维提供了一种建设性而非论辩性的语言。德·博诺博士的思考方法的最大特点就是简单和实用。

德·博诺博士曾应邀为以下组织做主题演讲或进行思维培训

☆ 联合国常任理事国

☆ 联合国教科文组织

☆ 联合国社会首脑会议

☆ 经济合作和发展组织

☆ 世界经济论坛

☆ 资讯经理人学会

☆ 青年总裁组织

☆ 500强企业信息部门经理会议

☆ 世界急救与救灾协会

☆ 微软500人营销协会

☆ 北京2008奥运会组委会

☆ 世界经济论坛：中国企业峰会

☆ 美国白宫

☆ 美国海军

☆ 超国界独立思考组织

☆ 世界健康组织

☆ 机构投资者协会

☆ 美国联邦法律大全

☆ 美国律师协会

☆ 情报协调委员会

争论无穷无尽，跨越才能创新

· 从岩石逻辑到水的逻辑 ·

目 录

CONTENTS

第四部分 我们传统的思考习惯

第五部分 社会及其制度的思考方式

推荐序一

▶ 诺贝尔物理学奖得主　伊凡·杰艾芜

爱德华·德·博诺博士是一位肩负使命的人：他想教会人们如何进行创造性思考。他原创发明了“水平思考”这一增进创造性思考的概念性工具。我必须承认，一开始接触德·博诺博士的思维体系时，我也是抱着怀疑的态度，但当我读完这本精彩的书以后，我却变成了一个忠实的信徒。有很多故事描述了一些科学家如何获得了突如其来的灵感，而这些灵感都不知是从哪儿冒出来的。但事实是，科学家往往在吃饭、睡觉甚至做爱的时候，都在反复思考心中的一些想法。通过不断地思考，他们的脑筋可能突然转了一个弯儿，并由此激发出一连串的联想，于是，就发生了“有了！”这一激动人心的时刻，一个出乎意料的解决方案就这样浮现出来了。然而，在“水平思考”中，这种灵感突现的偶然方式被另一种有意识进行的方法取代了，这种方法可以有计划地、系统地解决问题。

在《我对你错》一书中，爱德华·德·博诺博士与众不同地强调了人类的一些行为概念。例如，幽默这一行为虽然在哲学中被忽视了，但德·博诺博士却把它作为理解创造性思考的核心。套用哲学中“我思故我在”的说法，德·博诺博士的观点也许可以表达为“我笑故我在”。幽默也许在哲学探讨中缺席了，但在德·博诺博士的这本书里却浓重出场了。这本书写得明了易懂，并穿插了各式各样的故事、比喻和轶事来生动地说明德·博诺博士的观点。乍一看，这本书也许因其写作风格而显得非常简单，但它所产生的影响却是十分深刻、具有震撼性的。只要解说者对事物有透彻的理解，复杂的事物也完全可以用简单的形式解释出来，德·博诺博士就是深谙此道的专家，他以清晰明了的方式描述了人们为什么思考以及如何思考。对于任何一个想理解人的思考和行为的读者来说，《我对你错》这本书是不可或缺的。

除了对人类大脑的各个方面详加探讨以外，德·博诺博士还想方设法地吸引读者。例如，他先巧妙地指出，如果大脑能够被充分的理解，那么人类事务的解决将由此产生巨大的进步。然后，他又令读者惊奇（也许是震惊）地发现，我们实际上知道大脑是如何运作的。当然，这种说法是错的，但在某种意义上来说也是对的。的确，人类一直无法探知大脑运作的具体细节，但是德·博诺博士认为这并不要紧，因为我们已经掌握了大脑运作的基本原理。他强调，大脑并非与生俱来就具有逻辑性，大脑其实更像一个模式辨认的机器，它以不可预测的方式从一种状态移动到下一个状态。例如，一方面，当你闻着新出炉的面包（或者任何一个能够引发你特定记忆的东西）时，你仿佛突然回到了七岁时妈妈的厨房里。另一方面，德·博诺声称：“每一个有价值的创意在事后看起来都必然是符合逻辑的。”科学论文就是很好的例子。科学论文虽然是以完美的逻辑形式撰写，但导致形成这篇论文的真实的科学进展却来自于直觉、偶然事件、想象力和运气。

最近，人工智能研究领域大量地讨论了计算机能否学会像人那样思考。当然，计算机是运算（也就是逻辑操作）的专家，但正如罗杰·潘罗斯在《皇帝的新思维》一书中强调的：运算不等于创造性思考。不过，最近出现了一种叫做“神经网络”的新方法来运作计算机，这种方法试图模仿人类大脑中神经细胞的活动。德·博诺在书里面就对这个方法做出了精彩有趣的描述，他把大脑比喻成了一个布满章鱼的海滩。虽然计算机神经网络现在正处于初步发展阶段，但由于它是一个自我组织的神经网络系统，所以已经具备了人脑的雏形。

德·博诺博士还提出了另外一个令人难忘的观点：语言在人类的交流中扮演着独特但是有限的角色。他认为我们掉进了语言的陷阱，并声称：“从某种意义上来说，语言是无知的博物馆。”例如，词汇倾向于将事物两极化，并进行分类：你要么是有罪的，要么是无辜的；要么是对的，要么是错的；要么是高兴的，要么是伤心的。德·博诺把这称为“刀刃区分”。我们的传统逻辑系统就倾向于并取决于这种二分法，而德·博诺把这叫做“岩石逻辑”。与此相反的是“水的逻辑”，水的逻辑并不具有绝对性，而是随着环境和情景的改变而改变。感知、记忆、人生经验在人类的交流和表达中所扮演的重要角色远远超过了人们的想象。例如，大部分艺术作品都有其文化独特性，但是伟大的艺术作品只要触及了人类某种共同的因素，它就具有普适性。

如果我们真的受限于语言，那我怎样才能用有限的语言来描述《我对你错》呢？这本书不仅有一个简单易记的书名，而且将唤起一场思维的革命（德·博诺博士富于勇气地称之为“新文艺复兴”）。这些词看起来大胆，而且对有些人来说也许显得夸大其词，但是我们生活在一个激动人心、不同寻常的时代。引导我们走向未来的火车已经开动了，少数一些勇敢的人已经登上了火车。如果你也愿意登上这列火车，请阅读这本书吧！

推荐序二

▶诺贝尔物理学奖得主　布莱恩·约瑟芬森

爱德华·德·博诺博士在本书中强调的主题就是：我们太过于关注建立在逻辑基础上的结论了。逻辑思考以命题和对命题对错的判断为基础。只有在事实确定的情况下，换句话说，也就是在不大可能出现新的事物或意外的情况下，逻辑思考才能发挥其基本作用。

但德·博诺博士指出，事物还有另外一面，即感知。当我们观察周围的世界时（如果我们用心观察的话），我们可以对实际存在的事物一览无遗。然而，当我们把注意力从周围的世界转向我们想象中的那个充满可能性的世界时，我们却常常一无所获。我们往往要等到事后，或者直到有人向我们指出来的时候，才能看见一些最显而易见的东西。而更多时候，我们甚至把正确的情况误认为是不真实的。

为什么如此呢？根据德·博诺博士的说法，这是由我们僵化的信条、我们的“岩石逻辑”导致的。岩石逻辑控制了我们的思考，它决定着我们如何感知事物。德·博诺博士以前的很多著作和课程都是关于如何让大脑以一种不同的模式——“水平思考”——来运作的，而本书更多的是分析和诊断出僵化的思考模式可能导致哪些不同情况，并指出事情会如何出错，以及怎样可以用不同的方式来做事。例如，一旦我们觉得刚刚被提出来的某个想法看起来和我们以前听说过的想法相似时，我们就倾向于认为：“这个想法一点儿也没有新意。”然后把它抛在一边置之不理了。但不同的思考习惯会阻止我们做出这种自动反应，从而让大脑多思考一下这个想法，直到把它认识清楚为止。

在德·博诺博士发明“水平思考”这个术语之前，我不相信世界上并不存在类似“水平思考”的行为。有很多人即使没有刻意运用任何特定的“水平思考”技巧，他们也在以非传统的方式进行思考，并取得了巨大的成功，还有其他一些方法（比如沉思冥想）也可以帮助我们发现大脑隐藏着的巨大潜力。但是，我们的文化（或者也可以这么说，我们的文化中过分强调阳刚的那一部分）对以非逻辑方式进行的思考持怀疑态度，而且，在很大程度上，我们的教育体制唯一鼓励和认可的思考模式就是逻辑思考。而德·博诺博士非常出色地暴露出了传统体制过分依赖于大脑的单一方面而导致的错误。

这本书还提出了几个模型，并用通俗的语言描述了大脑是如何运作的。这些模型详细地解释了大脑另外一个非逻辑性的但是非常出色的方面——感知及其“逻辑”。在唐纳德·海博等前辈的先驱性工作中，我们看到了这些模型的运用，但是直到最近，传统的科学家们仍然没有像爱德华·德·博诺博士那样将这些模型用来解释非逻辑的思考过程。现在，情况正在改变。感知科学的工作者开始认识到，除了仅仅遵循特定的程序（运算）来进行思考以外，还有很多其他的方法来帮助我们有效地思考。

但所有这些都还处于理论层面，而德·博诺博士的“新文艺复兴”既可以帮助我们扩展对思考本质的认识，又可以应用于实践。这个“新文艺复兴”现在就摆在我们的面前，认为“新文艺复兴”非常有价值的人实在应该好好地学习和享受这本书。

推荐序三

▶诺贝尔物理学奖得主　希尔顿·李·格拉萧

物理学家和创造性思考大师德·博诺博士提出："最后的文艺复兴清晰地建基于对古希腊（公元前400年左右）的逻辑、推理、争论、辨伪等思考习惯，以及对人的重要性的重新发现。"那么，这些思考模式是否还适用于今天快速变化的世界？实际上，旧的思考习惯是非常有限、不足，甚至危险的。我们今天面临的社会冲突仍旧如初，但我们解决冲突的技术能力却是日新月异、无可限量。

《我对你错》（这个书名清楚地表明了传统思维方式的要旨）这本书吹响了呼唤新文艺复兴的号角。今天的思考习惯不能再建立在文字游戏或者信仰体系的基础上，而必须建立在最新的神经科学研究成果的基础上，必须与"人类大脑创造感知的方式"相匹配。德·博诺博士深受鼓舞，因为"在民主国家，每个人都有责任以更好的方式进行思考"。而他自己的逻辑最终让他意识到，政府是"因循守旧、确保不再做更多事情的最好方式"。从美国的政治瘫痪和难以置信的东欧革命来看，这样的说法倒是很贴切。

德·博诺博士认为，建立在感知基础上的“水的逻辑”必须代替我们已经习以为常的富于对立性的“岩石逻辑”。他坚信开启新文艺复兴的时机已经成熟，因为我们现在知道，大脑是一个自我组织的系统（通过令人印象深刻的、运用喜欢音乐的章鱼作为模拟，德·博诺博士告诉了我们这一研究领域中的进展）。显然，我们的思考过程应该遵循大脑的真实机制，而不是模仿那些老旧的、有害的模式，正是这些模式，导致了人类的战争、灾难，以及对地球的掠夺。如今，建立在神经网络基础上的新型计算机已准备要像人类那样进行思考。传统的看法认为大脑的运作是在语言的基础上进行的，但德·博诺博士却提出了一个相反观点，即大脑的运作不是建立在语言的基础上，而是建立在大脑运作方式的基础上。他将为大脑设计出“更好的软件程序”。

在批评我们一直以来承继的、建立在语言基础上的逻辑体系方面，德·博诺博士并非孤军奋战，女权主义的社会学家，尤其是桑德拉·哈丁，早已对传统思维模式固有的攻击性和压抑性感到失望。她们还试图寻找一个更为温和的范式，这种范式建立在感知的基础上，而不是建立在令人生疑的所谓“客观事实”的基础上。但是，她们把男性的支配地位看做问题的根源，而德·博诺博士的分析却没有采用这样的性别取向。哈丁女士力倡对我们的社会、经济和教育体制进行革命性的重建，而德·博诺博士也没有这么激进，他建议以“前向改革”的方式，渐进地将价值观和感知引入一个岩石逻辑和水的逻辑都能有效地世代相传的社会。他把革命的主张（或者说关于哈丁女士和我们孰对孰错的问题）视为过时的思维模式的假象。当然，德·博诺博士和社会学家们都有着相似的追求目标，即寻求可以更好地服务于我们的新思维。

我记得早期有过一次对新逻辑体系的追寻，但却无功而返。在阿尔弗雷德·科兹布斯基的《科学与心智》一书中，作者就基于我们在1933年以前对大脑的认识进行了分析，作者宣称："现在的理论非常混淆，这些理论最终都是毫无希望的，而且可能对人类的心智产生害处……我们所面临的完全是方法论上的分歧，一是二分法价值判断下的'目标'导向，一是无限价值判断下的'过程'导向……问题是，我们究竟该运用公元前350年的科学方法，还是1933年的方法？"虽然他这一番非亚里士多德学派的世界观没能阻挡那一场死亡和毁灭，但是从那以后，我们便对人类思维和大脑的本质有了更多的了解。

但是，我们是否已经掌握了足够的知识，来形成一个有效的建基于感知而非语言词汇的思考方法呢？我们已经能够找到这样一种具有调适性而非冲突性，富于想象力和创造力而非千篇一律、模式化的方法了吗？显然，我们还不能建立一个人工大脑。超级计算机虽然运算得飞快，但也笨得可以。在神经网络科学这一朝阳领域中，最骄人的杰作也不过是一个能够不结结巴巴地读课文的玩具，这个玩具可以改编和辨认模式，但它仍然不能思考。当德·博诺博士说"我们现在的确理解了大脑是如何运作"的时候，他更像是一个临床医师而非科学研究者。大脑是自我组织的、而非按照事先设定的程序运作的系统，这个关键的认识使我们形成了新的有用的思考习惯和思考方法。我们之所以创造出概念模型，就是为了提示和推动具有实际成效的改变，而这正是德·博诺博士在本书中努力所做的工作。

如果我们理解了大脑作为自我组织的神经系统的基本运作原理，那我们怎样借此思考得更好呢？德·博诺博士坚持认为：魔术、幽默和创造力都来自于对大脑常规模式的颠覆，而“水平思考”正可以帮助我们从既定的思考轨道跳跃到更富于建设性的旁边小道上，这些旁边小道的好处只有在事后才能看得出来。德·博诺博士设计出了一系列的思考工具，来帮助我们从“为什么我就想不到”的状态进入到充满胜利喜悦的“有了！”的状态。这些工具包括激发性输入（就像砸到牛顿头上的那颗苹果一样），后向学习（据我所知，这是研读大部分物理学研究论文的不二法门），以及可以轮流戴上的“六顶思考帽”（很多经理人都开始戴上这些帽子，以致传统的经营管理思考方式再无用武之地），等等。

德·博诺博士的原创性思考方法已经得到了很多学生和专业人员的实践检验，而这些方法看起来确实有助于人们变得更有创造性和原创性。在由诺贝尔奖得主参加的一次研究会议上，我亲眼看见了随机输入词汇（这是德·博诺博士发明的思考工具之一）使当时的僵局被打破，而问题也得到了很快的解决。也许现在是时候开启新文艺复兴了，也许这场复兴会引导我们进入一个健全和仁爱的社会。

引言：新文艺复兴

幽默是目前为止人类最杰出的行为。

你也许觉得这个说法很奇怪。既然幽默如此杰出，那为什么长久以来传统的哲学家、心理学家和信息科学家都忽略了它呢？

为什么幽默如此杰出？为什么它长久以来被传统的思考者所忽略？这两个问题构成了本书的关键。幽默比大脑的任何一种其他行为（包括推理）更能揭示出大脑是如何运作的，它表明，我们传统的思考方法，以及我们对这些方法的认识，都是建立在错误的信息系统上。它告诉我们与感知相关的因素，而这些因素也被过于重视逻辑的人们所忽略了。它还向我们展示了：情感的变化会导致一系列的变化，而这些变化是逻辑不可能做到的。

也许世界上只有不超过两打的人真正理解（在对大脑机制最基本、系统的层面上）我为什么如此重视幽默。阅读完本书后，也许有更多的人会理解我这一观点的基础，以及它对未来社会的意义。

很多人希望世界变得更美好，这种渴望十分强烈。但当21世纪来临，人们能否有更多的理由来让自己依旧怀抱这样的希望？公元2000年并没有什么神秘可言，但是它的确提供了一个独特的焦点，一个不会在下一个千年重现的焦点。如果我们努力把它作为一个转折点的话，它就会成为一个转折点。但是怎样如此，为什么如此呢？

有的人已经感受到了演化的压力，新价值观的出现以及一系列理性认识的应用必须最终使世界变得更美好。无疑，如果每个人都把自己的事情做好，并能够经受住来自同事和政府的尖锐批评，那么一切都会运转得很好。

有的人真正地看到了对新文艺复兴的迫切需要。他们厌倦了无休止的争论、冲突，以及无法得到解决的问题。他们看到了环境所遭受的严重威胁，看到了第三世界的债务和贫困，毒品的泛滥和新疾病的传播，还看到了房价已经高得没有任何一对年轻夫妇支付得起。他们不再满足于把这些问题归诸于增长率的缓慢，以及短视、自私、贪婪、攻击等与生俱来的人性缺陷。

也许我们正在努力做到最好，也许已经没有什么东西需要再做了。也许世界本身比以前任何时候都要好，只不过是我们借由效率的提高和现代媒体的力量察觉出更多的问题而已。

还有少数一些人觉得新文艺复兴已经开始了。火车开出了第一站，但只有少部分人登上了火车，大部分人还停留在车站，他们打算等待火车开往的方向更清晰以后再登上火车。有的人从前苏联戈尔巴乔夫带来的新思维改革中嗅出了世界将从冲突性的思考习惯转变为建设性的思考习惯。

我们需要适当的时间、地点和勇气来说些什么，我们需要正式宣告新文艺复兴开始，从而让人们怀着希望和决心来关注它。这正是本书写作的目的。

不论是谁、以什么样的理由来宣告“新文艺复兴”，都会看起来有些胆大包天、蛊惑人心。当然，即使没有正式宣告出来，复兴的事情已经在悄然进行着了。但之所以要正式宣告，是为了要创造一个自我实现的预言：只要我们相信新文艺复兴，我们就能够使之发生！

我们必须相信“新文艺复兴”的可能性，因为它确实是可能的，而意识到已经在发生的事情也是很有意义的。既然如此，我们为什么还要等待迟疑呢？事实上，相比于把世界变得更美好的希望和2000年的独特焦点，“新文艺复兴”具有更坚实的基础。

对传统思考习惯的质疑

“新文艺复兴”的基础究竟是什么？

上一次文艺复兴清晰地建基于对古希腊（公元前400年左右）的逻辑、推理、争论、辨伪等思考习惯，以及对人的重要性的重新发现。在此之前，西方世界的思考习惯完全来自于宗教教义和神学理论，当时的世界地图必须显示出以耶路撒冷为绝对的中心，大片的陆地都围绕着它。这不是因为航海家发现的结果是这样，而是因为神学教条是这么规定的。

“我对你错”就是对西方思维习惯的一个简要总结，这种思维习惯既推动了文艺复兴，又得到了文艺复兴的进一步强化。它通过争论、推理和逻辑等方法来暴露错误，从而得出真相，这和以往的教义截然不同，而事物的对错也取决于逻辑理由（而非宗教信条）。

经由这一方法而形成的思维习惯在很多领域都发挥了有效

的作用。通过争论和推理来合法地应用原则，可以说就是西方文化的基础。技术的进步已经使得人类可以往返于地球与月球之间，可以向全世界几十亿观众进行实况直播，可以让我们使用终极形式的能源——核。

那么，这些优秀的思考习惯会是有限和不足的吗？为什么我们在技术领域取得巨大进步的同时，却在处理人类事务方面捉襟见肘？为什么人与人之间的相互冲突依然如故，即便我们所使用的武器已经借由技术的进步有了很大的改变？

那么，这些思考习惯有可能在某些方面是危险的吗？这些思考习惯有可能已经到达了极限、无法解决我们面临的问题并阻碍了进步吗？现在是改善这些思考习惯的时候了吗？如果是，那么新的思考习惯将建立在什么样的基础上？

“我对你错”：传统思考习惯的本质

新文艺复兴的思考习惯应该建立比哲学上的文字游戏或者信仰系统更根本的基础之上，应该建立在人类的大脑如何运作，尤其是人类大脑如何创造感知的基础上。

有史以来，我们第一次认识到了大脑是如何组织以产生想法的。我们也许不知道其中的具体细节，但是对其系统行为的广义了解，已经足以使我们重新检验传统的思维习惯，并创造出新的思维习惯。我们可以看到上一次文艺复兴中的思维习惯是如何强调了思考中最糟糕的一部分，可以看到为什么我们形成的思考和语言系统过于擅长于逻辑，而不擅长于感知，可以看到没能处理好感知将会怎样导致思考的不足和危险，还可以看到，这些思考习惯不仅对人类过去发生的灾难负有责任，而且远远不足以应付未来的建设性处理。

“我对你错”简要地道出了上一次文艺复兴形成的传统思考习惯的本质。

在传统的思维习惯中，我们把“争论”作为寻求真相的基础，以及科学、法律和政治中对抗系统的基础。由此，我们找到了绝对的答案、最终的判断和可能性，而我们的自信（有的时候是自负）也油然而生。我们发现了事物之间的相互排斥，而这正是逻辑的本质。每一方都不可能既是对的又是错的，逻辑的本质就在于同一性和矛盾性。在语言中，我们有意识地创造了相互排斥的分类，比如对/错，朋友/敌人，等等，以便于处理逻辑上的矛盾性。然而，世界上有些文化，正如我将在本书中展示的，并不认为一个人亦友亦敌是一种矛盾的说法。

上一次文艺复兴复活和繁荣了苏格拉底以及古希腊哲学黄金时期其他一些思想家的方法。也许争论这种方法在以前确实有效，但是苏格拉底把它演变成了一个过于强大的程序。一个明显的矛盾就是，古希腊思维方式在上一次文艺复兴中竟然同时服务于两个对立的目的。一方面，人文主义的思想家运用逻辑和推理来攻击当时窒息社会的教条；另一方面，由那不勒斯的天才托马斯·阿奎那领导的神学家们也把逻辑争辩作为武器，以攻击那些在他们看来肤浅之极的异端邪说。

在攻击异端邪说方面，逻辑体系非常有效，因为思考者可以从普遍的概念或公理（比如上帝的万能）出发，推导出逻辑的结论。同样的方法也可以用来从假设的公平正义原则出发，推导出人类行为的合法性和合理性。原则、逻辑和争论构成的体系正是我们现在习以为常的教条主义式思考的基础，这种思考最大的缺陷在于，它假设感知和价值判断是普遍的、共通的、永恒的，或者已经达成了一致的。

这种争论/逻辑型的思考变成了研讨会议、大学和中学的标准模式。这不仅是因为这些组织当时大部分都由教会经营，而且是因为自由的人文主义思想家也都尊崇争论/逻辑的思考方法。矛盾的是，神学思想家和非神学（人文主义）思想家都在相同的新方法中找到了相同的价值。也许这没什么可奇怪的，因为这一新方法显然比以前的旧方法有显著的进步。

这种思考所潜藏着的核心是“真相”，通过争论等将事物置于相互对立的方法，我们就可以展示出谁对谁错，即便某件事物不完全对，也可以借由熟练的批判性思考切除其错误的部分，从而展示出赤裸裸的有限真相。

由此，批判性思考作为文明思考的最高形式获得了崇高的地位，并为文明本身进行着辩护和捍卫。任何新生事物都必须在既有的框架内得到详细的检查和严厉的批判，因为这些既有的框架都被假定为永恒的。

由于把批判性思考置于如此崇高的地位，我们也因此饱尝苦果。批判性思考缺乏生产性、建设性和创造性，也不具备可以解决问题、找到前进方向的设计元素。政治家们大部分都是律师出身，他们只习惯于批判性思考。

没有错误的思考就是优秀的思考吗？不会出错的驾驶就是好的驾驶吗？如果你想避免开车过程中所有可能的错误，最好的办法难道不是把车一直停在车库里吗？正如在批判性思考中那样，避免开车犯错应以思考的生产性、创造性、建设性为前提，而这些元素对社会进步来说非常关键。那么，这些元素从何而来？在古希腊那种稳定的社会中，由于完美的社会状态(对当时的妇女和奴隶来说则并非如此）使得一切扰动显得不合时宜，或者至少没有必要，所以批判性思考不一定显得很重要。在相对稳定的中世纪社会里，由于幸福来自于彼岸世界而非现实世界，所以批判性思考也不会显得很重要。但它在今天就非常重要了，也因此，美国如今在学校教育中只教授“批判性思考”的倾向，在中世纪看来将是骇人听闻的。

争论的习惯是否应该对我们今天富于对抗性的政治负责，这是一个开放性的问题。古希腊人把争论和民主两者都遗留给我们，而我们也想把两者融合到一起，因为我们无法想象没有争论的民主会是什么样子。然而，有很多不同于古希腊的文化(比如印度教）已经发展出了介于好与坏之间的观念。

黑格尔关于冲突和对立的历史观导致马克思形成了辩证唯物主义，并带来了革命的力量。不幸的是，这种冲突性的体系很难为前苏联的改革带来建设性和创造性的思考。

简言之，我们传统的思维体系建立在“真相”的基础上，而“真相”是需要我们通过争论和逻辑（并辅以资料分析和其他科学方法）去发现和检验的。由此，为了找寻真相，我们倾向于否定和攻击。否定被视为发现真相的强大武器，它不仅拒绝了令人不安的外来事物，而且给攻击者带来了个人的满足感。

争论作为一种思考方法，其最大的价值在于鼓励人们去考察事物。如果没有争论（输/赢，攻击，显示聪明，积分）所带来的个人满足感，人们不会受到激励去考察事物。争论自然有其优点，但同时也使考察事物的过程饱受折磨，因为争论变成了一场诉讼，一种积分，一种自我炫耀。没有人会关注有利于对方的事件，即使这些事件可以在相当大的程度上扩展对事物的考察。

在本书后面，我会更加详细地回到这一点来进行讨论。

岩石逻辑与水的逻辑

现在，我们可以回过头来谈谈幽默的重要性。

幽默之所以如此重要，是因为它建立在和传统逻辑完全不同的逻辑之上。在传统的逻辑（亚里士多德逻辑）中，对事物的分类是清晰的，不同的类别之间有着严格的界限，并且是永恒不变的。我们所做的决定都是关于某件事物是否符合某种分类的。与之相反，幽默的逻辑则直接取决于模式、流动变化、预期和情境。

在传统的思维中，我们拥有的是“岩石逻辑”，在幽默中，我们拥有的是“水的逻辑”。岩石具有固定的形状，它是坚硬的、棱角分明的、永恒不变的。我们可以看见和感觉到它的形状，它不会辜负我们，也不会变成别的东西，它具有绝对的独立性。水和岩石一样真实，但水和岩石截然不同。水是流动变化的，我们关注的不是水“是”什么，而是水“流向”哪里。水流的速度取决于不同的倾斜度（情境），水的形状也取决于盛水的容器（环境）是什么样的。

你可以将一支钢笔分析和描述成各个组成部分：金属，硬塑料，软塑料，不同的形状，等等。你可以描述钢笔书写的原理，以及钢笔作为一种书写工具的功能。但是，钢笔的“价值”是什么？这就要看具体的环境以及对环境的感知来定了。如果一个人不能写字，钢笔就没什么价值。如果一个人没有别的书写工具，钢笔就有很大的价值。如果一个人必须写下一个重要的电话号码或者一个急需的处方单，那么钢笔的价值就更大了，因为此时它不仅对书写者有价值，而且对别人也有价值。钢笔还可以作为一份礼物。如果一支钢笔曾经被用来签署一份历史性条约，那么它就具有很高的历史价值（即使对那些不会写字的人来说也是如此）。

如果你把一块岩石堆砌到另一块岩石上，你就得到两块岩石，但是如果你把一些水加入到另一些水中，你不会得到两份水。诗歌就建立在水的逻辑上，在诗歌中，我们一层一层地加入词汇、形象、比喻以及其他传达感知的媒介，而所有这些都建构出一个整体的感知。

如果你愿意的话，你可以一滴一滴地把一杯水倒空。但对于岩石，你就没有别的选择，岩石要么整个都放在杯子里，要么整个都不在杯子里。在我们的法律中，我们严格地区分了“有罪”和“无罪”，如果有罪，就必须实施惩罚。在日本，半数以上被捕的被告都被检举人释放了，因为如果这些被告道歉，并且看起来会在将来表现得更好的话，检举人就有权让他们走。日本法律所强调的重点不是区分有罪无罪，而是将来会发生什么。日本的犯罪率非常低，美国每400个公民就有一名律师，而日本每9000个公民才有一名律师。

岩石逻辑是我们传统逻辑的基础，它充满着永恒不变的分类、同一性和矛盾性。水的逻辑则是感知逻辑的基础，而直到最近，我们才初步认识到感知是怎样运作的，我们通过理解大脑的运作机制来理解感知。

两种信息系统

马和汽车不一样，虽然它们都是陆路运输工具。鸟和飞机也不一样，虽然它们都飞翔在空中。网球和国际象棋不一样，虽然它们都是两个人玩的并会分出胜负的游戏。汤和意大利面条不一样，虽然它们都是食物而且经常是第一道上桌的。

同样的道理，我们也有两种不同类型的信息系统。一种是传统的“消极”系统，在这个系统中，任何信息、片段或符号都被记录和储存在一个表层上。信息不会在这一表层上产生变化，表层本身也不会产生变化，因此需要有一个外来者根据某些规则来操作和组合这些信息。这就好比下国际象棋，每一个棋子都消极被动地摆在棋盘上，下棋者根据游戏规则和头脑里的战略来移动这些棋子。

传统的计算机就是消极的信息系统。信息被储存在磁带和碟片上，然后由中央处理器来加以运用（根据特定的规则和目的）。一个在练习册上做算术的中学男孩也是消极信息系统的一个例子。在消极的信息系统中，信息的被动储存以及外来者的操作之间有着清晰的界限。我们对语言和符号的运用也是建立在消极信息系统的基础上，因为我们根据数学、语法和逻辑等规则来运用被储存起来的信息和符号。

另一种类型的系统是“积极的”系统。在这个系统里，没有什么外在的逻辑操作者，所有的活动都发生在记录表层的范围内。信息是积极的，表层也是积极的，信息与表层之间相互作用，形成相应的组织、顺序、模式和线路，等等。

积极（自我组织）的模式形成系统的一个简单的例子，就是雨降落到一片未开发过的地面上。随着时间的推移，地面上的雨水汇聚成了小溪、河流，地面被改变了，雨水和地面之间存在相互作用，有积极的活动在发生着，而未来降落到地面的雨水将沿着已形成的渠道流淌。

消极的系统只在表层上记录地点和形状，这个地点或形状具有一定的意义，因为它意味着一种事先定义好的情况。积极的系统则记录地点、时间、顺序和情境，正是所有这些因素决定了模式是怎样形成的，以及哪些事物与哪些事物相关联。

积极的系统有的时候也被称为“自我组织的系统”，因为它们不依靠外来的“组织者”，而是自我组织。自我组织系统这一研究课题在动力学、生物学、数学和经济学中的重要性正在与日俱增。

大脑神经系统的自我组织

1968 年，我写了一本书《大脑的机制》。当时，这本书并没有得到多少关注，因为那个时代还没有准备好接受书中提出的一系列新概念。

在《大脑的机制》一书中，我描述了大脑的神经系统是如何作为自我组织的系统使输入的信息自我组织成相应的顺序和模式的，我把这种模式形成行为描述成简单的神经网络的自然行为。

今天，那本书里提出的原则已被广为接受，这些原则形成了计算机领域近年来最新发展（神经网络机器人和神经网络计算机）的基础。各式各样的自我组织系统的模型和计算机模拟相继被提出，例如，吉拉尔德·爱德尔曼（1977）和约翰·霍普菲尔德（加利福尼亚技术研究院）提出的模型。我并不是要宣称最近的这些发展都是建立在我于1969年表达的概念的基础上，因为还有其他一些人也在研究神经网络的行为。我想说的是，在过去被视为稀奇古怪、疯狂和不相关的想法和概念，如今已经变成了思考的主流。现在，数学也发展出了专门研究自我组织系统的分支。有趣的是，我在1969年提出的一个模型后来被M. H. 李及其同事在计算机上进行了模拟，其结果和我当时预期的一模一样。*

大脑运作机制的作用

当你每天早上起床时，你有衣服、鞋子、袜子等许多件东西要穿。如果你要穿11件东西，理论上有3900万种不同顺序的穿法，其中只有5000种穿法是可行的（例如，你不能在穿袜子之前就把鞋穿上）。因此，你需要在5000种穿法中选择一种。

能够计算出数量如此之多的选择的数学是简单的，我们稍后会谈及它。这里的关键点在于：如果我们的头脑像传统的计算机那样运行，那我们就会花两天时间来穿戴，花一周时间来做早餐，并花一周时间来选择上班的交通方式。你将不得不计算出你有多少种方式来拿一个杯子，有多少种方式来加水进去，以及有多少种方式来从杯子里喝水。

然而，我们之所以能在正常的时间内穿戴好，并且以通常

---

* M. H. 李，A. R. 马鲁达来辛：《人工机器的国际研究》17卷，189~210页，1982年。

的方式喝水，是因为大脑是作为一个自我组织的系统来运作的，它为我们设立出了各种常规的模式。一旦这些模式建立起来，我们只需要运用它们就行了。我们应该对这种模式行为充满感激，因为没有它，我们的日常生活将变得困难重重。

我们必须理解大脑的实际运作，这一点真的很重要吗？我们必须理解大脑的运作属于哪一种信息系统，这也真的很重要吗？

是的，的确很重要。哲学和心理学总是用深奥难懂的词汇和语言来进行描述，但实际上描述应和它的对象相匹配。为了进一步了解，我们确实需要理解潜在的机制，而最基本的运作机制莫过于大脑中的神经网络运作了。一旦我们理解了这些机制，我们就能够从各种无止境的文字赘述中摆脱出来。基于这样的理解，我们可以设计出新的思考工具（就像水平思考），可以辨别出系统存在的错误和不良倾向，看到它们是如何受到传统的思维习惯影响。由此，我们会真切地开始感觉到对新思考习惯的需求。

在本书中，我将具体地考察大脑是如何形成并运用模式的。我将探讨这种模式行为如何形成了感知的基础，如何引起了辨认、区分、两极化、注意、幽默、洞见、创造力等各个感知层面，并分析语言的好处及其存在的问题。

我将考察大脑的运作机制如何影响我们的思考。大部分从事这一领域研究的人都感兴趣于如何设计出能够像人脑一样思考的计算机——人工智能，我的兴趣则在于分析不同类型系统的行为，从而发现它们的错误，并更好地运用它们。我致力于强化系统的优点，并使它的缺点最小化。我还致力于设计出更好的大脑“软件”。

传统的思维体系建立在语言的基础上，而不是建立在大脑如何运作的基础上。因此，它倾向于放大体系的缺点（比如极端的两极分化），而忽略了体系的优点（如创造力和富于变化的感知）。

水平思考的价值

大脑形成的模式是非对称的，这是理解大脑机制的关键一点。但是它是什么意思呢？

在开车去一家新餐馆的路上，你总是走你最熟悉的路。开车路程可能十分漫长，吃完饭以后，与你共餐的一个朋友告诉你有一条更近的路可以回家，你照着他指的路开车回家，并突然意识到如果一开始就走这条路的话，就可以节省大量的时间了。因此，你前去餐馆的路和你从餐馆回家的路是不一样的。如果一个模式从A到B的顺序与从B到A的顺序不一样，那么这个模式就是非对称的。

如果大脑的意识沿着模式的主干道前行，我们就不大可能意识到主干道旁边还有一些小道，因为这些小道暂时被主干道遮蔽了（我后面将阐明，这是神经网络的一种简单而自然的行为）。然而，如果我们“不知何故”能够从主干道切入旁边的小道，那么回到出发点的路线就非常明显了。这种从主干道切入到旁边小道的转换正是“水平思考”的起源（即切换模式，而不是沿着既定的模式前进）。这个使我们能够切换模式的“不知何故”就是幽默的本质，在创造性思考中，我们还可以运用水平思考的技巧，比如激发，来有意识地提供它。

幽默之所以重要，就是因为它预示了模式的形成、模式的非对称性和模式的切换，而所有这些都不可能在消极的信息系统中发生。这就是为什么传统的哲学家、心理学家和信息学家忽略了幽默的原因——幽默不可能在消极的信息系统中发生。创造力、水平思考都和幽默一样具有相同的基础。

我们的个人经验顺序，我们的文化所提供的词汇和概念，以及当时当地的环境所提供的情境，决定了我们思维的主干道。如果“不知何故”我们能够从主干道切入到旁边小道，我们就会发现创意，而这个创意从事后来看也具有完美的逻辑性，这就是形成洞见的基础，也是有意识进行水平思考的结果。现在，我们来看看关键的一点，这一点可以解释为什么我们没有严肃认真地对待创造性思考。

每个有价值的创意（即概念和感知，不包括艺术表达）在事后看起来必然是符合逻辑的，不然的话，我们就没法辨认出它的价值，而只能把它视为“疯狂的”想法。也许直到20年后我们才能意识到某个创意的价值，也许永远也不会，因为它有可能真的是痴心妄想。

当我第一次写水平思考的时候，很多人都认为我是疯子，因为它在某种程度上与我们平常的思考相反。今天，水平思考已经受到举世瞩目，而且也成了自我组织系统的一种数学意义上的必要。不幸的是，由于所有有价值的创意总是在事后看起来是符合逻辑的，我们就误以为只要事先运用更好的逻辑，也能萌生出同样的创意，因而创造性思考是可有可无的。这种常见的思考“逻辑”正是为什么我们从来没有严肃认真地对待创造性思考的原因。

直到今天，我们才知道在模式形成系统中，事后看起来显而易见的创意在事先却并不明显。为了理解这一点，我们有必要理解（哪怕是最浅程度上的理解）模式形成系统的本质。由于今天和历史上大部分的思想巨匠都只局限在消极的信息系统中思考，所以他们未能充分地理解这一点。传统的思维体系没有为创造性思考提供丝毫的空间、需求和机制，但在模式形成系统中，创造性思考却有着绝对的必要、地位和机制。

这就是我们没能理解大脑的信息系统，从而严重地限制了我们的思考的一个例子，一个重要的例子。这也是为什么我们的创造性思考如此贫乏的原因，而创造性思考对于那些没法经由分析得到解决的问题至关重要。

那么，我们怎样才能水平地切入到能够带给我们创造性洞见的旁边小道上呢？比如我们可以坐等洞见、直觉、偶然事件、错误、机会或者某个人的疯狂想法来给予我们灵感，这些都曾经是诱发新创意的传统来源，而且它们也一次又一次地证明了自身的有效性。但是，我们还可以设计并运用一些有意识的、系统的方法来获得创意，比如，我们可以运用“激发”（以我发明的新单词“po”作为开头）这种有意识的方法来催生创意。以“po”作为激发的标志是有必要的，否则，像“汽车应该有方形的轮子”这样的激发会被人当作是痴人说梦或者疯狂的想法。激发就是一种超越了常规经验模式的表述，借由激发，我们得以从常规思维模式跳跃出来，然后从激发中得到新的模式，从而产生出新的概念和创意。正因如此，我多年以前提出的一个激发“Po 汽车应该有方形的轮子”，导致后来汽车公司想到一个新概念，即研制出一种可以根据路面颠簸度进行调节的悬架，由此汽车就可以在路面上顺畅的“奔驰”，而不用颠簸前行了。

这个新概念现在已经投入了实践应用。

彼得·尤贝罗斯也是运用了这些有意识的方法技巧，才发展出一系列新概念，从而使得1984年的洛杉矶奥运会取得了巨大的成功。在当时，奥运会的举办濒临破产，因为没有一个城市愿意像以前的举办城市那样支出大量的财政来举办奥运会。但是由于尤贝罗斯先生的创意（和领导），现在却有很多城市争先恐后地想举办奥运会。多年前我在佛罗里达的博卡雷登给青年总裁组织了一次讲座，尤贝罗斯先生从中学习了一些水平思考的技巧，这是彼得·尤贝罗斯先生本人在《华盛顿邮报》（1984年9月30日）中讲述的。

还有其他一些水平思考的技巧，比如“随机输入”技巧等等。在消极的信息系统中，这些技巧都像是胡言乱语，但在自我组织的系统中，这些技巧却完全符合逻辑，并且可以用数学来加以证明。

中心化

我们还能从创造和运用模式的积极信息系统行为中学到其他什么吗？

在沙滩上丢下一颗钢珠，钢珠就会从你所丢的那个点上掉下去并迅速埋进沙里。从漏斗上方丢下钢珠，不论你从哪个点（只要这个点处于漏斗上方的范围内）丢下去，钢珠都会从漏斗的另一端掉出来。降落在河流流域的雨水都会最终流入河流。自我组织系统中的模式就是这样。这些模式有着宽阔的流域，这意味着：所有不稳定的模式最终都会被引导到主要的稳定模式，这种行为我们称之为“中心化”。

中心化是感知最具价值的一部分，因为它意味着我们可以辨认事物和情况，即便这些事物和情况不以我们通常所知的形式存在。例如，即使一张照片从特殊的角度展示出一个椭圆形的东西，我们也能辨认出来它是一个晚餐用的盘子。

语言就建立在中心化和模式流域的基础上。一般来说，语言是非常有用的，但也存在一些问题。我们只能通过既有的模式来感知事物。英语也许是世界上最丰富的语言，因为它富于大量的词汇，而且词汇与词汇之间富于各种细微的差别。英语可以非常出色地描述事物，但在传达感知方面却捉襟见肘（这一点可能令那些珍视英语的丰富性和变化性的人感到吃惊和不安）。在英语中，在类似于“朋友”和“敌人”、“喜欢”和“不喜欢”等词汇之间，并没有多少过渡性的词汇。虽然有很多文字组合的方法可以描述这些过渡的中间状态，但是这些都不够准确和传神。北加拿大的伊努特语在“朋友”和“敌人”这两个词汇之间拥有20多个过渡词汇，甚至仅仅一个单词就可以传达这样的意思：“我非常喜欢你，但是我不想和你一起去猎海豹。”通过这一个单词，观察者就可以感知到另一个人的想法。

大脑只会看见它准备看见的，大脑必须运用既有的模式和流域。当我们相信自己在分析数据的时候，我们就正在努力调动已有的概念储存库，看看数据是否与之相符。的确，如果我们的概念储存库是丰富全面的，那么我们的分析就会是充分的。

但是资料分析本身不能产生出新的创意，这是非常重要的一点，因为科学和进步的整个基础都是建立在资料分析能够产生我们需要的所有创意的信仰之上。事实上，新创意的提供者必须在头脑中做大量的“创意工作”，然后再检查这些创意是否与数据相符，只分析数据是远远不够的。

信仰体系

为了学会打网球，为了学会一种新的舞蹈，为了学会航海技术，我们通常都需要进行大量的反复练习。经验告诉我们，学习必须花费大量的时间和练习。

你需要多少次才能学会不要用手去触摸火焰？只要一次。为什么这个学习过程如此快速？火焰中的“手指”可能是“信仰”体系的一个最简单的例子。一个信仰体系是感知世界的一种方式，而这个世界阻止我们去检验信仰的合理性，信仰体系也总是创造出强化它本身的各种感知。信仰的力量是如此强大，以至于有的人宁愿牺牲自己的生命来捍卫信仰。

大脑必须形成一定的信仰体系，因为没有信仰体系，我们所有不同的经验就没法相互连接起来。信仰体系是实用和必需的，大脑中的神经网络也很容易建立起形成信仰体系的基础。大脑之所以具有“连接”功能，是因为神经网络的特质促使我们相信因果关系和其他关系（正如康德所推想的）。

信仰体系究竟有多真实？真理在感知、信仰和逻辑中意味着什么？除了数学这个特殊的游戏之外，“真理”本身是不是就是一种信仰？无疑，有些真理确实是真的，而有一些则是作为有用的“真理”存在。也许真理的社会价值在于它提供了一个目的地——而我们假设自己还没有到达那个目的地。关于这一方面，本书将更为具体地进行探讨。

演化的缺陷

如果我们满足于传统的思维习惯，而不愿意进行“新文艺复兴”，将会发生什么？

我们所有的现行问题可能会随风而去，而世界将变得更美好。为什么？因为这可能是命运或发展的循环。

我们可能变得更习惯于用既有的思考技巧来处理问题。为什么？因为我们的经验更加丰富，而且可获得的信息也越来越多。

价值观的改变可能足以使我们既有的思考技巧解决所有的问题。为什么？因为有缺陷的是我们的价值判断，而不是思考技巧。

我们也许会满足于以上的可能性，也许不会。

也许，我们应该评估既有方法的充分性来获取进步。这些方法包括：智能行为的概念，演化的概念，针锋相对的政治争论，分析问题，借由资料分析来产生创意，历史的经验教训，价值观的基本转变。所有这些方法，我们都可以总结为：“在既定的价值判断体系内，对既有的信息进行传统逻辑式的智能操作”。

但我相信，这些方法是不足的，因为仅有智商是远远不够的，很多高智商的人都是贫乏的思考者，例如，一个很聪明的人可能只会用他或她的思考来捍卫某个观点。然而，越是技巧娴熟地捍卫某个观点，这个人就越是看不到考察事物的必要性，越不会倾听他人的意见，越不可能产生其他的创意，这就是贫乏的思考。

智商和思考之间的关系就像汽车和司机的关系，汽车的马力和引擎代表了汽车的潜能，但是汽车奔驰时的表现却依赖于司机的技术。一辆功能卓越的汽车完全有可能被驾驶得很糟糕，而一辆普通的汽车也完全有可能被驾驶得非常出色。

我们过于相信演化是通往进步的不二法门，这不仅是因为我们认为它有效，而且是因为我们对演化的对立面——设计——非常怀疑。我们怀疑设计出来的创意和设计出来的未来，因为我们相信所有的设计都出自于某个特定的观点。我们认为设计不可能考虑所有的相关因素，不符合人类的本性和需要，也不能预测出所引起的后果。而一谈到设计，我们就立刻想到了高楼大厦之类的设计。以上这些观点，有很多都是有道理的，但是从广义来讲，我们确实在设计各种事物：宪法、法律体系、药品、汽车和地毯，等等。

我们宁愿信任演化，因为演化是渐进的，而且允许需求、价值观、各种反应以及事件来修缮主意。演化还允许批评发生作用，在批评声中，不好的主意会被淘汰，好的主意则会生存下来并且越变越好。我们喜欢演化的方法，因为它符合我们传统的思维习惯。改变总是有一个发展过程的，而我们可以运用批判性思考来调整和控制改变，因为批判是传统思考的基础。演化看起来还是集体的、民主的，而设计看起来总是独裁的。

尽管我们有各种理由来喜欢和相信演化，但是演化的历程也存在一个严重的缺陷。假设每次递给你一块几何形状的木头(正方形的、长方形的、三角形的等等)，要求你每得到一个新的形状后，就重新安排这些木头块，使之成为一个更大的几何形状。于是，你每得到一块木头，你就尽可能地在原有的基础上进行添加和建造。如果你对新弄出来的形状不满意，还可以把所有木头块推倒重建，而你能够重建的方式是无限的。为了达到最完美的建构，你可以不考虑得到这些木头块的先后顺序，而自由地拆分组合它们。

演化的缺陷就在于发展的顺序决定了我们能够运用的观念和结构。如果发展的路径是适当的，我们就沿着那条路径前进，只有在出现重大危机的时候，我们才可能回过头去重新思考。因此，我们运用的观念和结构可能远远少于既有的知识可以达到的。演化并不是一种有效的机制（因为它依赖于一定的顺序），顶多只是够用罢了。

从某种意义上来说，语言是无知的博物馆。相对于我们的经验来说，每个词汇和概念都是在某种无知的情况下进入语言系统的，但这些词汇和概念却被语言永远定格下来，而我们必须运用这些词汇和概念来处理今天的现实问题。这就意味着，我们可能被迫以一种非常有限的方式来看待事物。

“设计”这个词应该是一个非常重要的词汇，因为它涵盖了将事物组合到一起以达成某种效果的所有方面。事实上，语言的运用已经把它限定在一个有限的范围内，我们仅仅把设计与绘图、工程和建筑联系起来。对很多人来说，设计只是狭隘地意味着可视的外在表现，就像时尚设计那样。

语言本身永远不可能发展出“po”这个单词，因为这个单词不处在演化的路径上，但是“po”这个单词却是我们必需的，不论从数学意义上来说还是从社会意义上来说都是如此。当我在莫斯科给第57中学上课的时候，一个学生说年轻人真的很需要“po”，没有“po”他们就只能看见事实的本身，而不是事实中包含的可能性。

如果演化是不够的，我们是否应该进行革命呢？当演化本身无法带来一个激进的改变时，人们通常会给出这样的答案。然而在大多数社会里，一般的革命不再有什么意义，革命是危险的、浪费的，并且具有高度的破坏性。到头来，革命的结果并没有给社会体系带来多大改变，反而只是更换了一群统治者而已。

我们需要一个新的术语——“前向改革”（provolution），这个术语代表了比演化更激进，但是比革命更渐进的一种改变。我在《巴西的积极革命》一书中所指的正是这种类型的变革。前向改革的武器不是子弹，而是感知和价值观。前向改革不以毁灭敌人为目标，而是一小步一小步地迈进，这些步骤逐渐累积起来，使事物朝着更美好的方向稳步前进。前向改革奠基于水的逻辑而非岩石逻辑。

媒体、艺术和文化都是改变价值观的强大机制。就在不久以前，不吸烟者几乎得为自己的不吸烟而道歉，而在今天，吸烟者则成了该道歉的人。对环境和生态保护与日俱增的关注，显示了在不断变化的社会价值观中，各种团体可以强烈地表达出自己的观点。而政治家们也必须对群众的情绪亦步亦趋，否则就会丢失选票。另外在有些社会，妇女和少数民族的地位也经由同样的机制得到了提高。

我们还必须记住，有的时候价值观改变也可能是有害的。比如，明显的价值观改变赋予了德国纳粹权力和号召力，这种充满敌意的宣传和鼓吹战争的价值观对大部分侵略行为都负有责任。历史上出现过的偏见与迫害，也是由于一些大肆渲染的价值观所引起的。

普遍的美好意愿和价值观改变所导致的持久作用的确对人

类的进步做出了贡献。例如，加利福尼亚的“缓慢增长”运动，即便是出于自私的动机（“不要发生在我的后院”），也会导致人们出于发展的需要而重新考虑城市的增长。

不论价值观的改变具有多么大的威力，人们也总是需要新的观念来促使价值观的改变。有的时候，只要反对某件事物就足够了，比如，压力团体可以成功地终结某些事物。但是在很多情况下，我们还需要建设性的主意，比如，如果因为污染的风险而不能够运输石油，你该怎么办？如果你不希望更多的人移民到大城市，你该怎么办？

在某种程度上，压力团体采取的是传统的对立性思考习惯。他们认为，只要反对某件事物就足够了，因为被反对的一方自己会发现该怎么办。但是，这种想法高估了被反对方的建设性能力。

分析，还是设计？

针锋相对的政治争论丝毫没有建设性和创造性，因为争论从来就不是建设性或创造性的。争论旨在发现真理，而不是创造真理，争论可以反对不好的主意，从而修正改善它，使之成为一个好主意，但是，争论就像园丁对花草的修剪一样，并不能设计出新的主意。然而，政治家无需具有创造性，因为他们只需听从顾问和分析家的建议。

我们擅长于分析，所有的教育机构，尤其是高等教育（比如哈佛商学院、法国弗兰代斯·爱克斯大学等）几乎把所有的教育重点都放在了分析上面。如果你正确地分析了一个情况或问题，你就一定会知道该怎么做了吗？的确如此，但同时，西方思维也有一个主要的缺陷。

如果你坐在椅子上感觉不舒服，经过分析，你发现自己坐在了一个图钉上面，你拿掉图钉，然后就感觉好多了。找出原因并去除掉它，有的问题就可以这么解决。比如，一些疾病是由于细菌入侵引起的，那么杀死细菌就可以获得显著的疗效。

但很多问题是分析不出原因的，或者，即使我们能找到其中的原因（比如人性的贪婪），也无法去除掉它。还有的时候，问题的原因是多种多样、错综复杂的。在这些情况下，我们该怎么办呢？我们进一步进行分析，并且分析别人（学者）的分析。但再多的分析也无济于事，因为我们此时需要的不是分析，而是设计，我们需要设计出解决问题或者忍受问题的出路。

我们之所以擅长于分析，而不擅长于设计，是因为我们从来没有足够地重视设计。在教育中，我们觉得设计只是建筑、工程、绘图、修建剧院、时尚设计等领域需要做的事，在其他的领域中，分析已经足以帮助我们发现真相，而一旦知道了真相，行动就是水到渠成、轻而易举的事情了。设计需要建设性和创造性思考，需要意识到感知、价值观和相关的人。正是由于我们在传统思维中过于强调分析（这也是我们继承的思想遗产的一部分），而忽略了设计，所以很多问题才无法得到解决。

长期以来，我们不仅依靠分析来解决问题，而且依靠分析来找寻创意。教育界、科学界、商业界和经济学界的大部分人仍然相信资料分析能够带给我们所有的新创意，可惜事实并非如此。大脑只会看见它准备看见的，正因如此，我们才会在回顾重大的科学突破时，发现所有的证据其实早在很久以前就全部具备了，只不过没有用新的观念来看待它们而已（库恩的范式转换）。爱因斯坦和凯恩斯就分别在其研究领域内实现了范式的转换或者说概念的改变，这非常重要，但我们却总是满足于让这些改变偶然发生，或者由天才人物来实现。我们的思维传统坚信，分析已经足够。

学术研究与教育的弊端

历史教训对于改变会有什么贡献吗？我们的思维传统大量地强调历史研究，认为历史是人类行为和体制相互发生作用的真正的实验室。

在近代的文艺复兴中，社会思想家们通过回顾历史（而不是展望未来）取得了更多的成就，这非同寻常。通过回顾历史，思想家们发现了古希腊、古罗马和古阿拉伯人的智慧和知识，这些智慧和知识无疑是非常卓越的，与中世纪令人窒息的文化相比，更是如此。

通过“学术研究”，在久远的年代里所累积的智慧得以开启。于是，当学术传统建立起来以后，对过去历史的学术研究就变成了学术传统的关键组成部分。这一学术研究在以前那个时代是非常重要的，但在今天，它的重要性不如从前，因为我们可以通过展望未来获得比研究过去更多的知识和信息。对过去的历史进行学术研究自然有一定的价值和地位，但是它占用了过多的学术资源和努力。

人们沉迷于历史，历史存在那里，并不断地累积，因为我们不仅对历史的了解越来越多，而且我们自己每天也在创造历史。我们可以用自己的头脑来窥探历史，历史是诱人的，与那些有可能使你付出多年努力但颗粒无收的研究领域相比，历史总能让你从中有所发现。对于偏好于分析而非设计的头脑来说，历史也是引人入胜的（只有在俄罗斯这样的国家，历史才可能被重新设计）。有的时候，历史还可以为无法在其他领域获得创造性成就的头脑提供一个避难所。

历史确实应该扮演重要的角色。但是，经由文艺复兴建立的传统西方思维受到了历史过多的困扰，以至于历史所受到的重视20倍于设计。但实际上，设计至少和历史同等重要。历史很容易书写，而历史文化有时看起来像是死人的文化，因为它把人们的注意力引向过去的年代和死去的人。

教育从来都只关注知识。比如你从家庭和教会中学习到文化观念，从你与父亲或老板的长期相处中学习到人际关系。因而教育的目的只在于传授知识。知识很容易传授，因为它可以被呈现在书本里，而且知识也很容易被测试。

但是，仅有知识就足够了吗？当学生毕业离开学校以后，他们在未来的生涯中还必须能够进行决策、选择，寻找各种可能的方案、制订计划、积极创造，等等。即使我们对过去有着完整的知识，但要运用这些知识来决定未来的行动，也需要我们进行"思考"。在知识的基础上，我们还必须加上做事的技巧。正是为了描述这些技巧，我才在多年以前提出"操作性"(operacy) 这个概念。操作性包括这样一些事情：检查行动的结果，考虑相关的因素，评估哪些因素是应该优先考虑的，关注别人的兴趣和想法，清晰地定义目标，等等。所有这些事情都可以在学校教育中传授给学生，比如，我设计的CoRT思维训练

---

* CoRT是一组由60节课组成的、为了在学校教育中直接传授思考技巧的课程。

课程就是这样。*很多国家（美国、加拿大、中国、前苏联、澳大利亚、保加利亚、马来西亚、委内瑞拉、新加坡等）现在都在使用这一课程。在委内瑞拉，它已经成为必修课程，中国也有很多中学采用了这一课程，美国则有越来越多的学校在使用CoRT课程，而新加坡政府经过广泛的试验以后，向所有的学校都推荐这一课程。这里的关键点在于：操作性的思考技巧和辩论、批判性思考的技巧完全不同，CoRT课程虽然也包含了批判性思考的技巧，但那只是其中的一部分。

仅有知识和批判性思考的技巧是不够的，教育界里的大部分人需要花很长时间才能意识到这一点。这在一定程度上是因为教育很容易变成一个自行其是的世界——选择、设置并满足自身优先考虑的因素，而丝毫不顾及外面的现实世界。

危险的传统思维体系

我们应该谴责经由近代文艺复兴而形成的传统思考方法吗？这些方法一定就为我们的科学、技术、民主和文明发展做出了贡献吗？

毋庸置疑，我们既有的思维习惯已经把我们带入了歧路。如果仅仅去假设有另一种思维习惯能够使我们获得更多的进展（尤其是在人类事务方面），也是没有意义的，因为这种假设永远也没法得到检验。我们应该在享用传统思维的同时，也意识到它的不足。传统思维在它过去形成的年代（古希腊和欧洲中世纪）是充分有效的，但那个时候社会稳定、缺乏变化，人们已经在感知层面形成了一致的基础，而且技术变化也是有限的。然而今天，日新月异、难以预测的变化正在带来越来越多的问题，从某种意义上来说，这些问题也是由于我们的传统思维体系富于“聪明”但缺乏“智慧”所致。

以下是传统思维体系需要得到弥补和改善的不足之处：

我们需要从破坏性的思考转换到建设性的思考。

我们需要从争论转换到对事物的切实考察。

我们需要减少对批判性思考的推崇，更加重视建设性的思考。

我们需要在强调分析技巧的同时，也强调设计的技巧。

我们需要做与信息处理工作同样多的创意工作，我们需要意识到仅有资料分析是不够的。

我们需要从历史的沉迷中走出来，更多地思考未来。

我们需要在强调知识的同时也强调“操作性”，因为操作性技巧和学习知识的技巧一样重要。

在历史上第一次，我们需要意识到创造性思考是严肃认真的，是思考过程的一个基本组成部分。

我们需要从处理事物的逻辑转换到感知的逻辑（从岩石逻辑转换到水的逻辑）。

我们需要从聪明走向智慧，而感知正是智慧的基础。

我们的传统思维体系是有限和不足的，但它一定就是危险的吗？一个厨艺有限的厨师只不过做菜平平罢了，但一个开车技术糟糕的司机可就是危险的了。有些危险直接来自于传统思维体系的本质，还有些危险则来自于我们对一个本来不足的思维体系过于自负和推崇。

最直接的危险包括粗糙的感知、极端化、语言的误导、不必要的冲突以及信奉唯一答案、具有排他性的信仰，等等，人类有史以来造成的诸多灾难都起源于此。当然，公平地讲，同样的思维方式也曾经使人类避免了很多灾难（尤其是在法律和医学领域中）。

也许，最大的危险在于自负、自满以及维护这种自负自满的能力。承认不足即预示着改变，因此，自负的防卫办法之一就是否认有任何改变的需要。如果我们相信我们的思维习惯是完美的，正如大多数人所想的那样，我们就永远看不出有什么必要用更进一步的思维习惯（创造性、建设性、设计性的思维习惯）去补充完善它。我们总是能够捍卫传统的思维习惯，因为从根本的意义来说，它是建立在真相和逻辑基础上的特殊的信仰体系。每一个信仰体系都设置了一定的感知框架，在既定的框架内，一切都是不容置疑的。逻辑的自负意味着如果我们的逻辑争论是毫无瑕疵的，那我们就一定是正确的，亦即“我是对的”——“你是错的”。

然而，任何一个结论的价值不仅依赖于逻辑的有效性，而且依赖于感知和价值观的有效性。一台出了错的电脑会制造出垃圾，但如果输入的信息本身就是垃圾的话，即使是一台完美运行的电脑也会制造出垃圾，每个学习逻辑的高年级学生都知道这一点。

每个学习逻辑的高年级学生也都知道，逻辑的完整并不能弥补感知的不足，但我们很快都会忘记这一点。这大概出于三个原因：第一个原因是，在稳定少变化的社会里，由于逻辑规则是既定的，所以公理和感知都被假定为是普遍的、受到一致认可的。例如，直到近年来，人们才发现欧几里得建立其几何学的公理其实只适用于平面分析。第二个原因是，我们潜在地假设了逻辑本身可以用来证明感知的正确性，这是一个非常危险、使人进入误区的幻想。第三个也许是最重要的原因是，我们并不知道如何处理感知。

一个高智商的人总是能够通过选择符合逻辑的感知、价值判断和情境来赢得辩论。

最大的危险也许不在于我们用以捍卫既定思维体系的自负，而在于我们的自满，因为我们想象不出还会有其他什么思维体系。这种自满意味着我们已经在既有的思维体系中投入了大量的努力、资源、教育和信心，于是，我们真正需要的新的思维习惯也就更不大可能形成。由于传统的思维体系占据了所有的资源，很多教育者都简单地告诉我没有时间在学校里教学生如何思考。

如同受到信仰的约束一样，我们也深受既定体制和结构的约束。这里的矛盾在于，未来更加需要我们做出前所未有的改变，而既定的体系却把每件事物固定了下来，以至于没有留下多少改变的空间。我们如此依赖于争论来攻击和捍卫某件事物，以至于没能认识到有的事物尽管是“对的”，但从更广阔的视野来看却是不足的。为了防御，我们拒绝从更广阔的视野来看待问题，我们没有意识到：争论恰恰缺乏我们最需要的建设性和创造性。这就是为什么需要建议、倡议、宣告并着手进行一次新文艺复兴的原因。

有些人已经从僵化的教条、争论和传统思维的束缚中摆脱了出来。他们转而关注人类和自然的精神性、情感、整体感觉、神秘主义以及普遍的美好意愿。这种内在的转换对个人和社会来说都是极富于价值的。但这就足够了吗？

我们还需要设计和建造一些桥梁，需要使一些经济体系变得更为可行，还需要加强更多地区的健康保障。那么，正确的态度和正确的价值观就足以达成这些事情了吗？未必。在东方人的观念里，就存在着一种以被动承受为特质的完整哲学，只不过这种承受还包括了一些其他国家和文化所不能承受的事物(比如贫穷、疾病等等)，而在一个大多数人都具有相同感知和价值观的小型社会里，公平正义等美好的价值观最能有效地维持社会的运行。但即便如此，我们也不要忘了，“公平正义”等美好的价值观也不能保护人们的“内在情感”、“真理”和“正直”免遭迫害。

尽管新时代的诸多价值取向是有用的，但我仍然不相信我们应该抛弃最卓越的资源：人类的头脑及其思考。实际上，我们应该发展出比现有思维习惯更具建设性和创造性的新思维习惯。这就是为什么我们不仅需要新时代的价值观，而且需要新文艺复兴的原因。仅有价值观是不够的，仅有思考也是不够的，我们需要把感知、价值判断和思考结合在一起。

本书目的

我们要做的不仅仅是在思考中更加积极、更富于建设性一些。如果事情如此简单，我也就用不着写这本书了。劝告人们更富于建设性和积极性是一件有意义的事情，但是别人有可能比我做得更好。我旨在处理的是比劝告更加基本、更加严肃的事情。

如果本书看起来是在攻击传统思维习惯（辨认、对比、二分法、逻辑、语言、争论、资料分析、历史研究等等）的大部分基础，是因为这正是本书的出发点。既然我们已经对自我组织的信息系统有了更多的了解，就完全可以开始质疑传统思维习惯的自满情结和完美神话。那么，这是不是意味着传统的思考方法是“错误的”呢？

诚然，传统的思考方法虽然建立在错误的信息系统模型上，但是一个有着错误基础的方法在实践中却可能非常有用。事实上，方法完全可以是人为的，同时也是非常有价值的。传统的思维习惯通常要求我们将事物分成“错误”和“正确”的两类，但就我的目的而言，将传统的思考方法视为有限的、不足的，甚至在某些方面是危险的，这就足够了。

锯子是一个非常棒的用来切割木头的工具，但是如果你想把几块木头连接起来，你就需要锤子和钉子，或者胶水、螺丝和螺丝刀。同样的道理，分析自有其妙用，但是我们也需要富于建设性的设计。

我常想，即便是服务于同样的目的，我们能不能也设计出一个比现行思维体系更好的体系呢？比如，一个简单的例子就是，持不同意见的双方可以不必争论，而是把各自的情况平行地摆放出来，然后进行对比。我们还可以为现行的语言设计出新的操作系统、新的概念、新的词汇，甚至设计出全新的语言以供思考（我现在正从事于这个项目的研究）。然而，所有这一切都需要花费时间，即使我们意识到了锯子的局限性，现在我们也只能继续用锯子来锯木头。

本书的中心课题是宣告即将发生一场新文艺复兴，而不只是表达一种希望、需要和态度。同时，本书还旨在对近代文艺复兴以来形成的传统思维重新进行基本的检验，而这一检验的基础就是将大脑理解成一个自我组织的信息系统。

也许本书提出的一些观念会激怒一些人，因而我只是先在书中表达这些观念，这也是书籍继续存在以供读者阅读的很好理由。但是，语言是保卫传统文化的基础，任何一本书都必须通过语言文字这道防卫的大门。由于本书对建立在语言基础上的传统争论和逻辑提出了大量的质疑，所以本书并不期待会得到客观的反应。因此，读者需要得出自己的结论。

我们也许已经到了这样一个阶段，即哲学和心理学的确需要理解潜在的信息系统，以及这一信息系统在神经物理学方面的基础。那些坚信传统思维习惯足以应对一切的人可能会拒绝认识到这一点，这就为社会的进步提出了一个两难的困境。然而，在我们对这一困境的关注中，美好的愿望应该在一定程度上与科学的理解为伍。

控制论专家、数学家和信息科学家会比那些具有"艺术"背景或僵化教条的人更容易接受本书。企业界及其相关人士也会很容易看到对"操作性"的需要，以及对创造性和建设性思考的需要。还有很多人也会认识到"设计"与"分析"同等重要。

当然，如果我们抛弃传统思维习惯中"对"与"错"的判断，社会将如何评价希特勒这样一些社会现象呢？最简单的答案，就是社会对待希特勒就像对待一只疯狗、一台刹车失灵的卡车、一个污染的油井或者一种流行性脑膜炎一样。从过分简化的"对/错"模式摆脱出来并不意味着某件事情总是对的或绝不是错的。"总是"和"绝不"这两个极端都来源于我们对绝对性的需要，这种需要是以传统的同一性/矛盾性逻辑作为基础的。例如，我们都知道，试验是扩展经验的好办法，但这是否就意味着我们可以试着从二十层楼的窗户跳出去，或者尝一尝剧毒的氰化物呢？

在很多领域中，我们都迫切需要新的创意，这些领域包括经济学（比如消费的循环，而不仅仅是生产的循环），政治学（比如可消耗的权力，而非绝对的权力），生活质量的提高，组织行为，技术运用，教育，等等。传统的思维习惯无法提供新的创意，有太多的优秀头脑都受到传统思维习惯的束缚，并且变成了不毛之地。

我们需要新文艺复兴，而且我相信这场复兴已经开始了，我只不过是竖起了第一个路标而已，将来会有越来越多的路标被人竖起。要正视还是忽略这个路标，取决于每一个个人。

新文艺复兴将带来创造性和建设性的思考。新文艺复兴更关注感知、价值判断以及相关的人。新文艺复兴有着坚实的基础，这正是本书将要介绍的。

爱德华·德·博诺于马耳他的帕罗萨·马尼斯宅

作者注解

人们经常要求我解释我的医学知识背景和我在思维领域中的工作有什么关联。乍一看，这似乎是两个毫不相同的领域。然而，两者的关联非常直接，要是我不具备医学知识背景的话，我就不大可能形成一系列的概念和观点了。

作为一个生物系统，人类的大脑处理信息的方式与传统的信息体系非常不同。在传统的信息系统中，我们用各种符号储存信息，然后根据一定的规则（逻辑、数学、语法等）来处理这些符号。传统的计算机就是先用内存储存信息，然后用处理器对其进行处理。而在生物系统中，信息和接收表面是作为自我组织的系统一起行动的，也就是说，它们独立地产生相应的模式和安排。在生物学中，信息引发了下一个系统的稳定状态。

当我在20多年前撰写《大脑的机制》一书时，我提出的观念对当时很多人来说都是疯狂的。今天，这些观念已经成为了自我组织系统研究领域中的主流。甚至数学也开始研究非线性的系统，还有一个数学领域专门研究自我组织的系统。

因此，医学和思维之间的联系是非常直接的。实际上，很难想象未来研究思维的人可以不理解潜在的生物过程。

长久以来的文化已经将我们的思考驯服成由一系列符号和规则组成的游戏，而这个游戏根本没有考虑到大脑潜在的信息系统。今天，也是历史上的第一次，我们可以来考察这个潜在的系统，检视对这一系统的理解会对我们传统的思考习惯产生什么样的影响。例如，水平思考和激发在自我组织的模式形成系统中都具有数学上的必要性。

由于每一个有价值的创意在事后看起来总是符合逻辑的(否则的话，我们就不会欣赏这个创意的价值了)，所以我们一直以为仅有逻辑就足够了。然而在模式形成系统中，这个想法是大错特错的。

I AM RIGHT

第一部分

|我们的思维体系|

YOU ARE WRONG

为什么我们从古希腊人继承而来的、建立在真相和推理基础上的传统思维有可能使我们的文明步入了错误的轨道？

为什么我们在技术领域里突飞猛进，但在处理人类事务方面却捉襟见肘？

本书要讨论的一些问题如下：

为什么幽默是大脑最为重要的一个特征？为什么古典哲学家们总是忽略了对幽默的探讨？

与我们传统的观点相反，为什么大脑可以是一个简单的机制，但它却能以高度复杂的方式运作？

“消极”信息系统和“积极”信息系统之间的重大区别。

为什么语言在用于描述时具有诸多优点，但在感知方面却显得粗糙、低效？

为什么我们只能看见我们准备看见的？

为什么后向学习比前向学习更加容易？

各种模式怎样既有宽泛的定义域，又有刀刃区分的分类含义？

为什么我们从古希腊人继承而来的、建立在真相和推理基础上的传统思维有可能使我们的文明步入了错误的轨道？

我们怎么会变得如此沉迷于历史？

为什么传统的推理叫做“桌面”逻辑。

为什么我们在技术领域内突飞猛进，但在人类事务的领域却进展甚微？

为什么资料分析本身不能产生出创意，甚至不大可能揭示出资料中所包含的旧观念？

神经网络中的神经细胞行为如何能够转换成人们在解决政治、经济和世界冲突问题中的智力和见解？

我们如何在拥有模式形成系统的同时仍然享有自由的意志？

为什么我们完全没能理解创造力，为什么事后看起来符合逻辑的某些事物在事前却无法推导出来？

为什么逻辑争论从来没能成功地改变偏见、信仰、情感或感知？为什么这些事物的改变只能通过感知的改变来实现？

在自我组织的系统中，信仰为什么很容易地被建立起来？这些信仰又如何提供了感知性的真理？

传统的逻辑如何使我们陷入了对与错的争论，并使我们执著于对与错的绝对性？

我们如何设计出特定的创造性工具来有意识地产生创意？

为什么我们在说出某种事情之后就会找到它的理由，亦即为什么激发的逻辑在模式形成系统中具有数学上的必要性？

一个简单的、随机输入的词汇为什么能够变成如此强有力的创造性工具？

为什么我们迫切需要创造出很多新词汇来帮助我们进行思考？

为什么需要用新单词“po”来执行激发功能？

为什么既有的科学方法及其最“合理”假设都有可能在感知上是错误的？

为什么拉弗曲线（越多越好）在我们的传统思考中是一个大问题？

我们一直以来所珍视的争论模式本来是抱着更好地考察事物的初衷，但它为什么却很快丧失了对事物的“考察”？

为什么我们借以获取进步的基本模型——经由混乱而形成的演化——注定是无效的？

为什么如果不把人类大脑的系统行为考虑进来，哲学就只不过是一场文字游戏？

为什么我们为了处理冲突而建立的逻辑原则——二分法——导致了如此多的灾难？

为什么诗歌和幽默都很好地表现了与推理逻辑完全不同的感知逻辑？

为什么我们把感知留给了艺术领域，而艺术却表现平平？

为什么最好把真理描述成由众多具体环境导致的一个结果？

我们如何最终从信息技术中衍生出一种新的意识形态，就像卡尔·马克思从蒸汽技术的工业革命中衍生出一种意识形态那样？

人类事务

我想回到早先提出过的一个问题——为什么我们在技术领域内的突飞猛进与我们在人类事务领域内的捉襟见肘形成了鲜明的对比。我们可以通过电视和卫星立刻同成千上万的人取得联系，我们的飞行速度现在已经超过了声波的速度，我们拥有的核力量可以消灭一切文明（而且是好几次）。

但我相信，如果我们没有受限于传统思维体系的某些方面，我们可能会获得更多的进步，而现在我们本应已经掌握了如何防止老化、如何治疗癌症、如何预防病毒感染的方法，已经能够治疗大部分的精神疾病，已经能够从核熔化中获得无限的无污染的能量，已经拥有了充足的食物供给，已经有了更多更有效的交通手段，已经有了更卓越的教育体制。在本书后面，我会讨论为什么我觉得我们的科学体系没能做到它本应做到的那么好，以及它如何受到了传统思维习惯的阻碍。但无论如何，我和每个人一样都对迄今为止取得的技术成就充满了敬意。

然而，转过头来再看一看人类事务领域，我们看到的依然是贫穷、战争、种族歧视、偏见、生态破坏、暴力、犯罪、恐怖主义、贪婪、自私和短视。战争一如既往地发生，只不过武器变得越来越强大。全世界每年花费在武器上面的经费超过了一万亿英镑。政府（包括民主政府和专制政府）处理事务的方式仍然是古希腊式的。一切都没有改变。为什么？我们首先来看看传统的理由：

首先，基本的人性没有改变。有人认为人性是自私、贪婪和富于掠夺性的。有人甚至提出，人性中更为古老的、基本的“兽性”部分仍然支配着我们的情感和行为。

其次，世界变得太复杂，我们已经跟不上世界的变化了。生态学、经济学、政治学都以某种直接或间接的方式相互作用，从而形成一个复杂的系统，而我们没有相应的体系来处理如此复杂的系统。

第三，我们跟不上技术进步带来的节奏变化。各种儿童疾病得以治愈，但结果却带来了人口爆炸。工业在取得进步的同时却通过污染和全球效应（臭氧层的破坏和温室效应）威胁着我们的生存环境。

第四，世界的发展是不稳定的。一些国家的人口进入了稳定增长期，一些国家却成了人口爆炸的牺牲品。有的国家（瑞典、加拿大、美国）已经十分关注生态问题，但全世界每年仍有2700万至2900万英亩的雨林被毁，每天有三个物种消失。而在某些国家和地区，人们对待战争的态度仍然停留在中世纪。

第五，我们的社会结构不足以应付世界的变化。政治思维的本质仍然是短视和自私的（尤其是在所谓的民主国家）。

第六，世界的发展已经超出了我们的大脑能够应对的范围。

以上理由（除了第一个）都只是解释了近年来人类爆炸性的发展如何使事情变得更糟。那么，我们要问：为什么在这些发展发生之前，事情也没有变得更好呢？只有第一个理由解答了这个问题：这完全是由于人类的那些本性所致。宗教能够改变人性，也已经对人性产生了有价值的影响，但同时也引发了诸多问题（仇恨、偏见、战争和迫害等）。

但我认为还存在进一步的解释，而这个解释正是我所致力追寻的。爱因斯坦说过，每件事物都在改变，唯独我们的思考方式没有改变。我认为，我们在人类事务领域之所以毫无进展，很大的一个原因就是我们传统的思维习惯。传统思维习惯的失败表现在两个方面，一方面是它不足以处理人类事务，另一方面是它进一步催生出新的问题，并使已有的问题和冲突日益恶化。因此，一方面传统思维习惯非常有限，另一方面它直接造成了有害的影响。

经验表明，推理和逻辑从来不能改变感知、情感、偏见和信仰，但我们却继续抱着这样不切实际的希望：如果每个人能够"看到理由"，世界就会变得更好。正如我们稍后会了解的，逻辑之所以无法改变情感和信仰，是出于很多原因。只有感知才能改变这一切，但我们对感知的理解完全空白。

我们的逻辑系统是通过语言（以及用于解决矛盾的错误的二分法）运行的，并由此形成了粗糙的、两极分化（亦即对/错，我们/他们）的感知。逻辑不能改变信仰和偏见，但可以用来加强信仰和偏见，并固化感知。

由于从未理解模式形成系统，所以我们没能理解信仰系统的强大“真理”，以及为什么感知毫无真理可言。我们通过批判性思考来捍卫自我，并把争论作为改变的工具，但这些丝毫起不了改变作用，因为它们缺乏创造性的元素。实际上，我们还远远没有开始理解创造力和范式的转换。

我们可以通过精确的数学把人送往月球，但却没法预测明天的天气，因为我们的成功还主要局限于静态系统（即变量不会改变也不会相互作用的系统，空间就是这种系统的一个典型例子）的处理。

以上列出的所有错误都直接来自于逻辑、推理、真理、语言、辨认、对比、分类等传统思维习惯，在本书中我会解释这些错误究竟是如何产生的。我还会表明，如果从大脑作为自我组织模式形成系统的实际方式出发，而不是从既有的语言系统（古希腊的遗产之一）出发，我们会得出很不一样的认知。

感　知 ▶▶▶

2400多年来，我们把所有的智力都投入到推理的逻辑而非感知的逻辑当中。然而，在处理人类事务时，感知却比推理更为重要。那么，我们为什么犯了如此的错误呢？

也许是因为我们以为感知并不重要，而且逻辑和推理最终可以控制感知。也许是因为我们不喜欢感知的模糊性、主观性和变化性，因而在寻求绝对的真相和逻辑的过程中获取安全感。也许是因为在某种程度上，古希腊人创造逻辑是为了使感知变得有意义，我们则满足于把感知留给艺术世界（戏剧、诗歌、绘画、音乐、舞蹈等），而让逻辑推理驰骋于科学、数学、经济学和政治学。还有一种可能就是我们从来没有好好地理解过感知。

所有这些理由都是有效的，但是最后一个理由最重要。实际上，感知有其自身的逻辑，这个逻辑直接建立在自我组织模式形成系统行为的基础上，它与传统的推理和语言所蕴含的那种桌面逻辑是完全不同的。被感知到的真相完全不同于被推理出来的真相。

在历史上，我们从未理解过感知的系统及其神经学基础，从未理解过感知的逻辑。正因如此，我们除了忽略感知以外，别无选择。

每当我们不得不面对不确定的感知时，我们都转而求助于传统逻辑的确定性，这也是为什么《美国思考的终结》一书如此过时、倒退的原因。该书提倡回归传统的思考习惯（尽管这个习惯已经大大地阻碍了文明的进展），而不是直面感知的复杂性。以语言为基础的哲学家往往黔驴技穷，因为理解感知意味着必须以理解自我组织的系统为基础。

由于我们未能理解感知，所以我们允许用有限和粗糙的语言来扭曲世界，并使之符合我们扭曲的观点。作为描述事物的媒介，语言已经占据了压倒性的优势地位，但在处理感知方面，语言却是一个拙劣的工具。因为我们可以描述复杂的情况，而这些复杂情况无需丰富我们的感知模式。不论是错误的二分法，还是虚假的确定性，语言的这两个特性都无助于处理感知。

作为语言逻辑的基础，我们的分类习惯也会自动地影响感知，因此，所有的"罪犯"最初看起来都像是罪犯。

我们把感知留给了艺术世界。那么艺术领域是不是表现非凡呢？就像革命一样，艺术已经为我们带来了大规模的情感变迁。艺术是独断的、古怪的、宣传性的，它呈现出了感知——新的有价值的感知，但是它从未能提供改变感知的工具。艺术仍然可以用它惯有的方式对文化继续做出贡献，但是我们却不要假装艺术完全满足了我们对感知的需要。我们需要学习感知的逻辑，需要学习用以扩展和改变感知的工具。如果只是被动地接受艺术传达给我们的感知，那么不论这些感知多么富有价值，都是远远不够的。

随着时间的推移，计算机迟早会完成我们需要的所有逻辑和处理工作。由此，我们对感知技巧的需求将前所未有地增加。我们对计算机输入什么，完全取决于我们对感知的选择和技巧，不论计算机本身有多么出色，它输出的结果始终都受到感知输入的限制。这就像衡量一个计量模型是否有价值，要看它包含了哪些因素，以及它的关联度和参数是什么。一旦感知建立起来以后，这些衡量标准就与感知密切相关。

如果我们真的发展出高智商的计算机，而没有同时发展出大量相应的感知技巧，那我们将陷入极大的危险之中。一旦我们输入错误的感知，计算机将会输出危险的逻辑答案。

幽　默

幽默是迄今为止人类头脑最出色的表现。为什么古典哲学家、心理学家和信息理论家们（更不用说逻辑学家了）都忽略了幽默呢？

在各种系统形式中，推理是最为廉价的日用品，只要借由分类、组合和简单的线性计算机，我们就可以进行推理。任何一种向后推导的分类系统都属于简单的推理系统。然而，幽默只可能发生在自我组织模式形成系统所创造的非对称模式之中。幽默非常重要，因为它向我们展示了大脑中的信息系统是如何行为的。即使是从行为方面的意义上来说，幽默也告诉我们要警惕绝对的教条，因为某些事物有可能在突然间从一种全新的视角来重新看待。

古典哲学家、心理学家和信息理论家们之所以没能看到或理解幽默，是因为他们一直处在我们所说的“消极的”信息系统内（从本质上而言，即是根据既有规则运作的桌面逻辑）。但幽默却发生在“积极的”信息系统（自我组织的系统）内。我将讨论这两种不同信息系统的关键区别。

诗歌也是一种“逻辑性”处理，但它属于感知的逻辑，而不符合传统的逻辑。事实上，感知的“水的逻辑”与传统的“岩石逻辑”完全不同。

实用效果

有一个关于美国大使和俄罗斯大使赛跑的故事，结果是美国大使赢了。一家报纸是这样来报导这场比赛的：有一场赛跑，俄罗斯大使得了第二名，美国大使只得了倒数第二名。报道丝毫没有提及这是一场两个人的比赛。

在这个荒谬的故事里，报道中关于比赛的细节都是真的，但有些重要的信息却被遗漏了。当然，你也许认为这种事情不会发生在严肃的报纸上，但有的时候的确会如此。《独立报》自认为是伦敦最严肃的报纸之一，但它却这样报导：我声称1984年洛杉矶奥运会的成功得益于提出非凡创意的彼得·尤贝罗斯，而他之所以有创意，是因为曾经参加过我的一次研究会议。这个说法看起来有些荒谬，但实际上，这篇报道遗漏的事实是：在《华盛顿邮报》（1984年9月30日）的一次访问中，尤贝罗斯先生本人把他成功举办奥运会的创意归功于有意识地使用了“水平思考”。在那次访问中，他还具体地描述了他于1975年跟我学到的一些特定技巧。我在书中提到了尤贝罗斯本人直接进行的这种描述，但这一描述却被《独立报》的记者有意忽略了，因为他事先假定了这是个荒谬的说法。令人惊奇的是，《独立报》的编辑还捍卫了这个有意的忽略和扭曲。

媒体不可能有真相，而从这个方面来看，媒体是感知的一个良好例子。感知中并不存在绝对的真相，感知总是形成一个观点，而这个观点永远不可能是完全的。

对感知的理解，具有高度的实用价值，因为它涵盖了我们在技术领域之外的大部分思考，以上媒体的报道就是一个例子。我们永远不要指望媒体做到客观，因为感知并不是以客观的方式来运行的。

感知中唯一的真相就是信仰体系中的“真相”。正如我们即将看到的，信仰很容易在基本系统的循环现象中产生。随着我们不断增进对信仰如何产生以及如何持续的了解，我们会看到为什么逻辑争论触动不了信仰，而改变感知却是改变信仰、偏见和错误感知的唯一途径。这具有非常重要的实用价值，因为各种各样的信仰体系都是人类事务的主要组成部分。我们还将看到为什么我们应该珍视信仰体系。

另外，我们也要看一看语言作为一种感知系统和思维系统而存在的严重不足。这一点非常重要，因为语言是我们交流和思考的主要工具。当我们懂得了为什么我们创造了人为的二分法（我们/他们，正确/错误，无罪/有罪，等等），以及二分法的刀刃区分效应如何对感知产生了强大影响以后，我们就能够加以补救。

为了获得更为丰富的感知，我们需要有更多新的语言词汇。一旦我们懂得了事后用语言进行的描述不同于事先的感知，我们就不会那么强烈地反对创造新的词汇。这一点具有很高的实用价值。

正是基于对非对称模式的理解，才使我们有史以来第一次深刻地理解了幽默、洞察力、创造力的来由。通过理解激发（在模式中走捷径）的逻辑必要性，我们也可以设计出特定的创造性思考工具。

理解感知以及假设的本质，就可以解释为什么我们只能看见准备看见的。这再次证明了为什么资料分析不大可能产生新的创意（除非创意已经半隐半现了）。它还证明了为什么最“合理”的假设作为科学方法的基础仍然是不足的。同样，这些事情也是具有高度的实用价值。

在传统的思维体系和社会领域（法律、政治、科学等）中，批判性思考和争论一直是我们追求进步的基础。批判性思考和争论旨在“追求真相”，却完全缺乏追求进步所必需的设计和建设性元素。今天的需要和古希腊讲学或者中世纪神学的需要迥然相异，而承认批判性思考和争论作为进步工具所存在的不足，也具有高度的实用价值。

我们会看到，艺术在提供新感知、洞见和更多具体感知方面卓有贡献。但是艺术都是以确定的方式提出这些感知和洞见，并没有提供工具让人们形成和改变自己的感知。艺术并不是一种烹饪课程，它只是呈现出精品佳肴，我们不能以为把感知留给“艺术世界”就已经足够了。

在所有的人类事务中，我们关注的都是文明的各个组成部分：信仰、真相、推理、争论、科学、艺术等等。如果能理解感知，将对所有这些领域产生直接的影响。直到现在，我们才开始具备创建这种理解的基础，而目前我们对自我组织系统与日俱增的理解正好提供了这样一个基础。

I AM RIGHT

第二部分

| 人 类 的 大 脑 |

YOU ARE WRONG

我们真的能够从神经网络中神经细胞的行为出发，一步一步地理解和改进我们的思考行为，从而在政治、经济、世界冲突和信仰体系等领域做出更加卓越的贡献吗？

我们能！

……要是我们能够理解人类的大脑就好了。

……要理解人类的大脑还得等上很长一段时间。

……一旦我们理解了人类的大脑是如何运作的，每件事情都将变得清晰明了。

一天，我正在法国靠近艾尼诗的科多弗雷街上的一家小餐馆吃午餐，我眺望着窗外阿尔卑斯山脉起源处的一处深谷。我注意到一只老鹰在空中盘旋，大约滑翔了有20分钟，它都始终没有拍动过一次翅膀。这只老鹰完全懂得滑翔系统的原理，它从一个气流滑翔到另一个气流。而人类的滑翔伞却在两分钟内就降落到谷底。看来，了解不了解系统会导致巨大的差别。

假设有一天我们确实理解了大脑运作的原理，我们会怎么做?

1. 我们会立刻设计出类似于人脑的计算机。

2. 我们会根据特定的目的来运用大脑。

3. 我们会检查大脑既有“软件”的适当性，并努力设计出更好的软件。

现在，我们已经知道了大脑是如何运作的。也许那些执迷于无知教条（比如“大脑是如此重要，我们永远也不可能理解它”）的人，以及沉迷于事物复杂性、认为只有非常复杂的系统才能做出复杂行为的人会否认这一点，比如，早期从事人工智能研究的人就持这种观点。但是，还有一些人一直相信几种简单的系统也能以高度复杂的方式运作。数学家现在也充分地了解到：在混沌理论中，一个非常简单的表达也会演变出巨大的复杂性。

一些专家认为，我们还不能宣称已经了解了大脑是如何运作的，除非我们已经知道了每个神经元之间的确切联系，以及每个化学神经传导的性质和分布。但有一些人则认为，只要在宽泛的层次上（而不论具体的细节）理解了一个系统，我们也能指出与该系统行为有关的许多要素，这些人承认我们已经了解了大脑是如何运作的。如今，我们确实已经在宽泛的层次上理解到大脑是一个自我组织的系统，而一旦我们有了这一理解，我们就可以在某些具体的层面上检查这种系统的行为，并从其行为出发探知更多的东西，并且随着时间的推移，各种细节知识会逐渐补充。尤其当我们意识到大脑是自我组织的系统，而不是传统所认为的那样（即像操作员在接线总机交换电话信息那样）时，对这种自我组织式系统的本质的理解就显得格外重要了。

我们再也无法承受被僵化的教条和无知来耽误文明的进展了，因此，如果我们真的理解了大脑是如何运作的，我们可以做些什么呢？我们已经在设计类似于人脑的计算机，这些计算机模仿着大脑的神经元活动。我们还应该用更多技巧娴熟的宣传来巧妙地操控大脑，就像政治包装术那样。

当我撰写《大脑的机制》一书时，我并没有打算建立一个具有这些特征的计算机，因为其他人已经做了这一工作，我的兴趣在于软件（思维系统）方面。我们能为大脑设计出更好的软件吗？我们现有的软件有多好？

软件的领域即“感知”，感知是思考中最重要的一部分，但传统的逻辑思考习惯却根本没有触及感知。因此，正如我早些时候提出的，我设计出传授如何思考的实用方法，这些方法现在已经使全世界近千万名学生受益。

在我们对大脑的传统看法中，创造力是一种神秘的、深不可测的事物。由于每个有价值的创意在事后看起来都必须是符合逻辑的（不然的话，我们就不能认同其价值了），所以我们以为一开始用更好的逻辑也能产生出创意。将大脑理解成一种非对称的自我组织的模式形成系统（我稍后会解释），为激发、随机输入以及其他有意识使用的水平思考工具奠定了基础，这些技巧和工具都是用来帮助我们走捷径切换模式的。

我们需要知道理解大脑系统的实用效果是什么，我们可以展示出为什么传统的思考习惯是危险和不足的，我们可以提出一些新的实用的软件，这些正是我打算在本书中做到的。我探讨的领域将涉及真相、逻辑、推理和语言，当然，首先是感知。

我们真的能够从神经网络中神经细胞的行为出发，一步一步地理解和改进我们的思考行为，从而在政治、经济、世界冲突和信仰体系等领域做出更加卓越的贡献吗？

我们能！这正是本书的终极目的。

模型的正确性 ▶▶▶

我们怎么能绝对肯定本书提出来的大脑运作模型就是正确的呢？对这个问题的回答分为十个部分。

1. 科学的目的是为了提出世界如何运行的概念模型。科学永远不能“证明”任何事情。牛顿的机械力学看起来是那么完美，但仍然被爱因斯坦的理论推翻了，而很快，爱因斯坦的理论也会被改变。有的时候，一个概念模型被更新了，有的时候，不同的模型被证明适用于不同的范围，有的时候，模型需要被全部改变。

在这里，我提出了一个以神经细胞活动为基础的自我组织信息系统模型，这是一个概念模型。从目前的情况看来，我们不大可能通过获悉大脑中每一个细胞的活动来理解大脑，而且这种方法也不可能让我们得知大脑究竟是怎样“组织起来”运作的。检查有轨电车是怎么设计出来的，以及铁轨是怎样冶炼出来的，并不能让我们了解有轨电车究竟是怎样运行的。我们需要一个功能性概念来展示出：神经细胞之间的相互作用如何形成了幽默、洞见、感知、情感等大脑活动。

正如我说过的，忽略大脑运作，认为“大脑是非常复杂的，它远远超过了我们所能理解的范围”，这种教条化的看法在科学中是无法立足的。

2. 基本上，我们是从广义的角度考虑自我组织的系统，并将它与消极的系统（传统的计算机）进行对比。在广义的系统范围内，可能还存在其他模型，而其具体的细节也几乎是富于变化的。例如，当我指出存在某种神经联系时，有可能还发生着化学联系。

科学的奥妙就在于它尽可能宽泛地做出分类，而同时能够预测出行为的准确类型。只要我们将消极的信息系统和自我组织的信息系统做一个简单的对比，就会发现大量的行为差异。

有些人认为大脑就像全息摄影一样储存信息，也许真是这样，但是这种描述没有说明大脑如何从一种状态变动到另一种状态，从而为我们提供思考。全息摄影的概念和其他很多概念一样，与此处所用的模型在功能上是相容的。

3. 我们的模型是一个非常简单的系统，但它能够以高度复杂的方式运作。这比复杂的系统更令人满意，因为生物倾向于通过复杂的行为来使简单的系统得以运行（基因的编码就是简单的不同蛋白质的排列）。最重要的是，导致模式创造、洞见、幽默等现象形成的系统行为直接来自于系统的自然行为，系统无法以其他方式运作，系统的自然行为使我们不可能说："现在让我们把幽默编程到模型中去。"

类似于"它发生了"或者"某种机制把这一过程连接起来"的描述性模型实际上没有多大价值，它们就像小孩子画出一个盒子，然后说"所有的事情都发生在里面"。

4. 我们的基本模型确实已经被计算机模拟实验过了，结果大部分如我们所预测的那样。这是很重要的，因为有时复杂的模型在投诸实践时可能会发生"冻结"或者"爆炸"的情况。最重要的是，在模仿神经元的计算机或神经网络机器领域内所做的大量工作，证明了这种系统确实有效，而且学习速度非常快。虽然企业生产领域尚未启用这种机器，但是这种机器已经在每天都得到了使用和运行。因此，很清楚的是，这种信息系统确实有效而且强大。从某种意义来说，这就是设计功效的一个证据。神经网络计算机是根据我们对大脑运作的理解进行设计的，它所取得的巨大成功证明了自我组织的信息系统真的有效。

5. 我们的自我组织信息系统与我们对神经细胞和神经网络的了解是完全吻合的，神经科学的发展会进一步告诉我们具体的细节。例如，“酵素”在“打通”联想方面的功能之所以被发现，就是因为有人先预测出了执行这一功能的机制。神经学研究会最终证明，大脑的几个区域或者大脑层是在各自独立工作，并且以某种平行的方式合作输出思考结果。神经学研究还会展示出神经传导和化学反应的强大效应。但不论如何，这些发现都不能改变系统的组织性“类型”。

6. 模型（比如幽默、洞见、创造力、情感对感知的影响等）所预言的效果与我们通常的经验相符合。尽管模型中有些观点与我们对大脑的传统看法相违背，但是模型与我们的经验是完全符合的。

7. 达尔文关于进化的概念模型到目前为止还没有被证明过，也许永远也得不到证明。我们之所以接受并运用这个模型，是因为它是似是而非的，因为它以或多或少可行的方式解释了各种现象，因为我们还没有更好的模型。所有这些理由也同样适用于我们的自我组织模型，这个模型和达尔文的进化理论具有同等的功能有效性。以神经细胞的简单行为为基础，任何人都可以提出更好的模型。事实上，自我组织的模型可能比达尔文的模型更强有力，因为达尔文关于通过偶然突变而产生改变的理论具有很大的弱点。

8. 任何一个概念模型的最重要方面就是它应该产生实用的效果。本书提出的模型通过概念的演变使我们理解了创造性思考的过程，在此基础上，我们找到了激发的逻辑，设计出了有意识运用的创造性思考的工具（水平思考），这些工具如今已经在全世界得到了广泛使用，并取得了良好的效果。基于这个模型，我们还设计出了在学校教育中教授感知性思考的简单方法，实践证明，这些方法是有效的。除了这些实用效果以外，模型还使我们得以进一步理解幽默、洞见等现象。

9. 欧几里得的几何原理不仅是出色的智力建构，也是非常实用的理论体系。这个体系的第一步是定义领域，因为欧几里得的几何定律不适用于球面和其他一些表面。第二步是定义出一些公理，这些公理来自于简单元素（比如线条）在被定义领域（比如：平行线不相交）中的行为。然后，在公理的基础上，建立出整个理论体系和证据。

当我们定义某种特定类型的“自我组织”的世界时，可以把所有有关大脑的那一套完全忘掉，而采用本书阐述的模型。模型中的元素不再是神经细胞，而被定义的这个世界也可以称为“模式空间”。接着，我们考察在这个空间中的行为，并得出一些基本原理。我在本书一些章节中所做的正是如此。最后，我们看到这些原理或公理结合到一起时会发生什么，并由此得出与人类大脑非常相似的结果，当然，我们仍然可以忽略这种相似性。

10. 最后，在我看来（读者可以不同意我的观点），我们的概念模型很好地解释了大脑的相当一部分行为（比如幽默、洞见和创造力)，其解释力优于其他任何一个既有模型，而在感知领域（这正是我的兴趣所在)，它的解释力也是卓越非凡。或许大脑有些部分是以不同的方式（比如规则系统的分类）在运作，我并不排除这种可能，但我的任务是为感知提供一个可行的模型，而感知正是来自于并且相容于我们所知的神经细胞行为。如果有人认为大脑基本上不是自我组织的系统，那他或她就应该提出一个不同的更好的模型。

因此，以我之见，我们有很多合理并且实际的理由来采用自我组织的模型，而且从这个模型所得出的实用性理解和洞见将是价值非凡的收获，有助于我们改变传统的思维体系。例如，进化模型的局限以及范式转换的困难都直接来自于自我组织系统的基本性质。

比起理解地心引力是如何作用而言，我们当然可以更好地理解大脑是如何运作的。

不同的世界 ▶▶▶

在一些东方国家，如果有人欠了钱，并还给你一捆钞票，你就必须当着那个人的面一张一张地清点钞票。但在西方文化里，你这么做却会激怒把钱递给你的人。东方世界与西方世界的文化是不同的。

在工作中，日本妇女一般受到不平等对待（尽管现在已经有所改善)。只要她们结了婚，就被别人期待辞职，即使她们没有结婚，她们也会在30岁左右被企业甩掉，取而代之的是新一批年轻女性，因为年轻女性的工资更低（在日本，工作年限越长，工资越高)。在大公司里，日本妇女也很少获得高级职务。然而在家里，日本妇女却全权做主，她们负责所有的决定，并掌管家庭财务。日本丈夫们，不论他们在企业中的职位有多高，都必须向妻子交出所有的工资，妻子则留给丈夫一小部分零花钱作为日用，这也是为什么日本公司日常开销如此大的原因。此外，日本母亲全权控制小孩的教育。所以，她们也存在两个不同的世界：工作中的世界和家庭中的世界。

地球上有一些生物是不需要氧气来存活的。我们已经习惯了依靠呼吸氧气来生存的世界（鱼类也属于这个世界)，所以理所当然地认为这就是唯一的世界，然而事实并非如此，在太平洋深处，有一些奇怪的像虫一样的生物并不靠氧气生存，而是靠海底火山岩冒出的氢化硫气泡来生存，而在极深的海底，水里的氧气是非常稀少的。因此，这又是一个关于不同世界的例子。

法国大部分年轻人现在都开始学习说英语，但是你可能会发现自己身处一种周围人只讲法语的情况。这时，你不得不把自己的英语讲得更大声、更慢，但令你沮丧的是，周围的人依然不懂你在说什么。因此，你身处一个不同的世界，而在你原来的世界显而易见的事情在这个世界毫无意义。

有三个人，每个人手里都拿着一小块松木。第一个人放开松木，松木掉到了地上。第二个人放开松木，松木往上移动。第三个人放开松木，松木停留在原地纹丝不动。你从电话里听闻这三种情况，在第一种情况中，事情的发生如你所料，第二种情况却显得离奇古怪，第三种情况简直难以置信，这是因为你假设所有三种情况都发生在同一个世界。

事实可能是这样的：第一个人是站在地球的表面上，因此松木会掉落到地面；第二个人则站在水里，因此松木自然会往上浮动，这在水里的世界是完全正常、符合逻辑的；第三个人则身处一个绕轨道飞行的宇宙飞船中，由于地心引力为零，所以松木自然会停留在原地不动，这在那个世界里也是完全正常、符合逻辑的。

一旦我们理解了世界的不同，就能立刻理解不同世界中的不同行为。但是，如果我们不知道存在不同的世界，而假设所有三个人都站在地球表面，就会对发生的事情感到匪夷所思、困惑不解了。

欧几里得著名的几何定理只在平面中有效，但放到球面中却行不通（在球面，两条平行线是可以相交的）。

所有这些例子让我们看到：不同世界或不同体系中的行为是迥然相异的。在这里，应该意识到的重要一点是：我们会对不同世界中发生的行为感到难以理解，除非我们意识到这个行为所在的世界是不同的。

想象你把钢珠丢到装满沙子的盘子里，每个钢珠掉落下去后会立刻陷入沙子里面。如果我们观察每个钢珠在盘子中所处的位置，就会得知每个钢珠当初掉落下去的起点位置。钢珠停留在原地，它们不会四处移动，沙子表面也保持原样，没有变化。这是一个典型的消极系统，它代表这样一些信息记录系统：即信息被记录在神经表面，并保留其被记录的状态。不论是中学男孩在练习册上留下的记号，还是高级计算机在硬盘上留下的电子记号，都属于这类系统。如果我们想运用那个信息，某个外在的操作员（中学男孩的大脑或者计算机的中央处理器）

就会在被存储的信息中执行某种逻辑操作。

现在，让我们来看看一个不同的系统、不同的世界。这一次，我们不再用装满沙子的盘子，而是用装满黏性油的乳胶袋。我们把第一颗钢珠丢到这袋油的表面，由于钢珠的密度大于油的密度，所以钢珠会慢慢下沉，落到油面以下，最后停留在袋底，乳胶袋里的油面不再是平坦的，而是向第一颗钢珠落下的地方倾斜。我们再把其他的钢珠丢下去，它们会沿着斜坡滑落，最后堆积在第一颗钢珠的上面。

在装满沙子的盘子里，钢珠停留在它们最初被丢下的地方。在装满黏性油的盘子里，钢珠则不会停留在它们最初被丢下的地方，而会滚动。沙盘的表面仍然是平坦的，但油盘的表面却会被丢下的第一颗钢珠改变。由于钢珠会滚动，由于表面会改变，所以我们把这称为积极的表面。

在（消极的）沙盘模型中，钢珠停留在它们被丢下的地方。在（积极的）油盘模型中，所有的钢珠最后都会聚集在盘子中的某个点，结果，油盘的表面允许这些钢珠“自我组织”成一个群体，这是自我组织系统的一个简单例子。钢珠聚集到一起并不是由于外在力量所致，而是系统本身的一种自然特征和行为，这是非常重要的一点，这一点形成了消极系统（需要外在操作者来组织信息的系统）和积极系统（信息自我组织的系统）的关键区别。

考虑另一对模型。第一个模型是从浴室里拿出一条毛巾放在桌子上，在毛巾旁边是一瓶墨水，你将一勺墨水倒在毛巾的某个点上，毛巾上会形成一个墨迹，这个墨迹记录了你的活动。最后，消极系统很好地记录了你的活动，墨水停留在它被倒下的地方。

在另一个“积极”模型中，我们不用毛巾，而用一盘蛋白胶质（凝胶物或者小孩生日派对上常见的果冻）。这一次，你加热墨水，当你把一勺滚烫的墨水倒在胶质表面时，墨水会融化胶质，但是当胶质冷却下来时，就会停止融化。现在，你把冷却后的墨水和被融化掉的胶质倒掉，留下一个具有凹陷处的胶质表面，这是你在胶质表面上倒热墨水而留下的痕迹。你将另一勺热墨水倒在胶质表面，如果你倒第二勺墨水的位置接近第一个凹陷处，墨水就会流到那个凹陷处，如果你继续以这样的方法倒更多的墨水，你会发现胶质表面形成了一条河流或渠道（如果你倒墨水的位置离凹陷处太远，则不大可能发生这一现象）。为什么会这样呢？是因为你倒的第一勺墨水改变了胶质表面对后来倒入的墨水的接受方式。

和前面的黏性油面一样，胶质表面也提供了一个被输入“信息”可以自我组织的环境。在油面模型中，信息自我组织成一个群体。在胶质表面的模型中，信息自我组织成一条渠道、一个序列、一个模式，一旦这个模式被建立起来，其附近的任何事物都会沿着那个模式流向它。

通过这些例子，我们看到两个不同系统或不同世界之间的鲜明对比。在消极系统中，信息停留在它被输入的位置，然后我们根据自己的意愿和一定的规则（比如逻辑和数学）来移动这些信息。在积极系统中，系统表面和信息允许信息自我组织成一定的模式或序列。

这两个系统之间的区别之所以重要，是因为实际上我们以前运用过的所有信息系统都是消极系统。我们以消极的方式储存信息，然后根据一定的规则来移动信息。我们所有的思维体系都建立在这个模型上。然而，现在我们日益了解到，大脑不是以这样的方式来运作的，大脑更像是一个允许信息自我组织的积极系统。

在传统的计算机中，既有信息储存，又有信息操作。而在最新的计算机（神经网络计算机）中，线路布置则模仿了大脑中的神经网络，它们是让信息自我组织的积极系统。

传统的桌面逻辑

想象一个小孩坐在一张桌子面前，桌子上摆满了各种形状、尺寸和颜色的木头块，就像幼儿园里的积木一样。同时，桌子上还有各种形状、尺寸和颜色的盒子。

小孩可以自由地捡起积木，然后根据某种规则来移动它们，比如把各种形状的红色积木放到一起，或者把它们放进红色盒子里，等等。一旦被放进了红色盒子里，那么从盒子里拿出的积木就一定是红色的。小孩还可以单独根据形状或者根据形状和颜色两者来重新分类组合木头块，于是，他可能发现两块形状、尺寸和颜色完全相同的木头，或者发现两块没有一点相同之处的木头，然后迅速懂得如果手里的积木属于红色盒子，那它就不能同时属于绿色盒子。小孩能够立刻明白如果积木所属的盒子又属于另一个更大的盒子，那么这块积木也属于那个更大的盒子。这些积木是静止的，它们不会自己移动，但是很容易被四处移动，并且丝毫不会改变。

在这个简单的桌面行为中，我们可以看到好几个思维操作。

首先是关注和寻找某个特征，然后进行判断、分类、对比，以及辨认和搭配，等等。

这个简单的系统勾画出了我们从亚里士多德、柏拉图和其他古希腊思想家们继承而来的基本思维体系，这个体系在中世纪的神学家那里得到了改进，因为这些神学家需要运用逻辑来捍卫他们的真理。文艺复兴进一步繁荣了这个体系，使之成为与宗教信仰截然不同的推理的基础。这个思维体系既简单又强大，而且一直以来行之有效。

在这个思维体系中，我们运用的就不是各种颜色的积木了，而是由各个词汇组成的语言，语言在某种程度上代表着我们的经验，而从某种程度上来说，我们建构各个词汇是为了执行我们想表达的意思。这一思维体系的基石就是力量强大的词汇"是"以及其对立面"否"（这正导致了矛盾律这一强大的原则）。

是与否构成了我们推理的基础。现在，让我们来看看另一个不同的世界、不同的体系。

在这里，我们用特殊沙子做成的地形模型来构成桌面，并往桌面上随意喷洒水。正如在现实生活中那样，这些水会逐渐形成小溪，然后汇合成更大的溪流，最后形成河流。现在，地形已经形成，洒落在桌面上任何一点的水都会流入已经形成的河流之中。

看了河流如何形成以后，我们来改变一下模型。我们把同样的地形复制到橡胶上（也许我们可以再做一个类似的乳胶模型）。给橡胶充气以后，就形成了刚才的地形。但是，如果我们用不同的方式来充气，地形就会不一样，河流也会不一样。因此，并不是只有一种固定不变的地形，而是有好几种不同的地形及其相应的河流模式。

观察河流模式的小孩会看到那些标有颜色的区域（代表城镇）是如何在某个河流模式中连接到一起，而在另一个河流模式中又是如何连接到一起。

小孩并没有有意识地控制水流，但他注意到，如果他专门观察某一个方向的话，就会看到被喷洒的水在某一点具体发生的情景。有的时候，被喷洒上去的水会沿着既有的渠道流动，有的时候水会改变地形，并且沿着被改变了的渠道流动。不久以后，小孩就会熟悉某些地形，并可能说："如果我从这个方向看，地形就会改变，河流模式就是这样的……"

在以上的第二种系统中，河流代表已出现的模式（在沙子成形的阶段），变化着的地形（被充气的橡胶）代表变化着的背景，模式会随着背景的改变而改变（稍后，我们会看到"情感"是如何改变思维的背景的）。在第二种系统中，小孩并不是像摆弄积木那样有意识地控制模式形成的效果，而是作为一个观察者发现从不同的视角可以看到不同的画面，因此，小孩可以从不同的方向来观察模式形成的效果。

稍后，我们会看到如何用这个简易的地形模型更精确地描述大脑神经网络中的神经细胞行为。现在，只要知道桌面模型与地形模型不同就足够了，它们是两个不同的世界。

大脑的神经网络 ▶▶▶

这里，我要介绍一个神经网络模型，这个模型虽然更加简单，但它代表了我们所知的大脑中真实的神经网络。为了简单起见，我尽量不用神经学的术语，以免不熟悉神经学的读者要反复查找各种术语的含义。实际上，最重要的是神经系统的功能行为。

这个功能行为所涉及的系统比较宽泛，虽然各个系统的具体细节有所不同，发挥作用的方式也各不相同，但是其效果却都是一样的，就好比不同类型的电灯开关有着不同的线路和造型，但其总体效果都是一样的。这里提出的模型来自于《大脑的机制》一书，近年来的计算机模拟已经证明这个模型正如预期一样有效。

任何一种模型的行为模式都在很大程度上依赖于参数的设置（亦即分配给各种相互作用的数量），我将不讨论这些参数，因此我在描述模型行为时都假定了理想的参数（不论这些参数是什么）。我还相信，大脑和人体其他部位一样，总是具有一些反馈层使得参数保持在理想的范围内。

想象一个神经细胞，它就像一只长有大量触须（而不是通常的八根触须）的章鱼，其中有的触须很长。每根触须在接触另一只章鱼时都可以传导一种电击，这种传导是通过触须末梢化学成分的释放而完成的（这与神经传导相对应）。如果一只章鱼接受了足够数量的电击，它就会醒来再去电击其他的章鱼。想象整个海滩爬满了章鱼，而这些章鱼都是以这种方式连接在一起。任何一只章鱼都可以通过伸长触须与远处的另一只章鱼连接起来，但是为了方便起见，我们可以假设这些章鱼只和邻近的章鱼相连接。

现在，如果我们刺激一群章鱼，例如，从直升飞机上向它们投射一束强光，被刺激的章鱼就会醒过来，并通过触须传导电击。为了看到实际发生的情况，我们假设当一只章鱼醒来的时候，它的身体会从灰绿色变成明亮的黄色。由此，我们看到，从被强光照射的那群章鱼开始，章鱼黄色的斑纹逐渐扩散，直至布满整个海滩。这类似于癫痫发作的状态，在癫痫发作时，大脑中所有的系统都被激活了。

现在，让我们添加另一个特征。当一只章鱼醒来（而且变成黄色）时，它会散发出刺鼻的气味——一种介于腐烂的鱼和氨水之间的气味。这种气味对章鱼来说如此难闻，以至于如果气味达到一定浓度，它们将拒绝醒过来。因此，当黄色斑纹扩散到一定范围时，刺鼻的气味就会达到一定浓度，此时，不会再有章鱼醒过来，而黄色斑纹的扩散也随即停止。

在神经学术语中，也存在扩散激活和产生抑制等现象。这种抑制可以通过化学反应来产生，也可以来自于另一个神经网络的直接的消极反馈，其功能都是相同的。

假如事情的发生就限于此，那么章鱼的黄斑只会扩散到直升飞机最初强光照射到的那一群章鱼周围，所以，让我们再添加一种效果。如果一只章鱼已经被其他章鱼触须的电击弄醒，触须所接触到的黄斑部分就会变得很疼，而被弄疼的章鱼很有可能反过来电击把它弄醒的触须。这意味着，如果直升飞机投射两束强光，弄醒两群邻近的章鱼，那么这两群章鱼即将建立起来的连接会比其他的章鱼群更强烈。

这一效果导致了联系和重建等重要现象的产生。在 1969 年，我预言这是大脑系统的一个必要组成部分，而其他人所做的后续研究已经证明了：被同时激活的神经细胞之间确实存在着比其他神经细胞更为强烈的酶（calpain）的变化，正是这种酶的变化确保了神经细胞之间的“联系”。

回到章鱼的例子来。如果直升飞机以这种方式投射了两束强光，后来则只投射一束强光，那么章鱼的黄色斑纹更可能扩散到联系更紧密的那一群。因此，前面的情况再现了，就好像直升飞机这次也投射了两束强光一样，黄色斑纹的扩散并不局限于被弄醒的那群章鱼，而是沿着前面所建立的联系扩散到其他的章鱼群。由此，这一大片章鱼可以重复或者重建一个模式，即使这次输入了不同的刺激，但章鱼的黄色斑纹也产生了同样的扩散效果。

现在，我们看到了模式重复或重建，这正是大脑系统中非常重要的一部分。

接下来会发生什么？黄色斑纹不再扩散，而是局限在一定的范围内（通过刺鼻气味的抑制），这和我们前面看到的相同。现在，醒来的章鱼（就像今天的电视迷一样）由于只有一个狭小的注意力范围，所以开始变得厌倦或疲惫，而当它们感到疲惫时，它们散发出来的气味就会急剧减弱。这意味着，在第一群出现黄色斑纹的章鱼以外，其他受到足够电击、但是被刺鼻气味抑制的章鱼现在可以醒过来并且活动了，而原来的那群章鱼则昏睡过去，其黄色斑纹也消失了。于是，黄色斑纹转而出现在刚被弄醒的另一群章鱼身上。

因此，我们看到黄色斑纹从一群章鱼转换到另一群章鱼身上，受到气味抑制的黄色斑纹就这样逐一地在整个海滩上相继转换。如果一群章鱼被另一群远处的章鱼用触须连接起来，那么黄色斑纹就会在一个区域内消失，而出现在另一个区域内。区域相继变成黄色，这就形成了一种序列或模式，在给定的条件下，这种模式是连续性的。

对任何一只单独的章鱼来说，它是否会醒过来并开始活动，取决于它从其他已经醒过来的章鱼那里接受到的电击（换句话说，就是它身体上的其他醒过来的章鱼的触须数量），以及这些触须所导致的疼痛程度（换句话说，就是当其他章鱼进行活动时，该章鱼有多少次被激活的历史记录）。与这些刺激效果起相反作用的则是抑制章鱼的刺鼻气味的整体程度，以及令章鱼感到疲惫厌倦的因素。

在这一点，我应该指出，刺激因素与苏醒的章鱼之间的关系并非是线性的，它是一种所谓的开端效应，而且绝对是神经系统的典型代表。它意味着，在没有到达一定的点时，刺激是无效的，但超过了那个点，章鱼就会被完全激发。在本书稍后部分，我运用了一个搔痒的比喻。你搔一个人的胳肢窝，但是一点效果也没有，随着你搔得越来越厉害，那个人终于忍不住笑出声来。这个非线性的效果是神经网络行为中非常重要的一个部分，不应该被忽视。这就像在扳机上持续施压，突然，当压力达到一个点时，枪就响了。

那么，最初被弄醒后来又感到疲惫的那群章鱼会发生什么呢？它们会永远处于疲惫状态并被我们所忽略吗？过了一会儿，疲惫感会消失，不仅消失，而且会跟着产生短时间的兴奋不眠状态。

疲惫、麻木和持续增长的兴奋都是神经系统的正常行为。

由于最初被刺激的那群章鱼与其他的章鱼有所接触，所以它们现在转而进入兴奋不眠的状态，黄色斑纹也再次出现在它们身上，这就导致了模式的循环。黄色斑纹从接受直接刺激的那群章鱼开始扩散，在海滩上转了一圈之后，又回到了原来的点，然后又开始重复下一轮循环。在大脑中，正是这种循环构成了我们的思考。

如果有两架直升飞机同时在海滩上空向两个不同的地方投射强光，又会发生什么呢？同样，黄色斑纹会开始出现并扩散，刺鼻的气味会更加浓烈，较强的群体（即具有更多联系、更大范围的群体）会持续扩散，而较小的群体则会被刺鼻气味所抑制。因此，此时只会出现一个活动区域，黄色斑纹也只出现在一个群体范围内。这个模式与大脑在同一时间只能关注一件事情的模式相对应。

接着，我们会发现海滩上的章鱼比我们想象的还要聪明。有些章鱼会对音乐做出反应，它们有的喜欢爵士乐，有的喜欢乡村音乐和西方音乐，有的则只对莫扎特的音乐有反应。这些反应都是以持续增长的兴奋状态表现出来。

恰巧，海滩另一头有一群郊游的人，他们有一台大音量的音乐播放器，此时，播放器正播放着爵士乐。那些对爵士乐敏感的章鱼逐渐被唤醒，这意味着它们比其他章鱼更加准备好开始活动。这种音乐引致的准备状态也属于我们前面提到过的其他“准备”因素（联系、现行刺激的程度、疲倦等等）。于是，黄色斑纹更可能转换到这群处于半激活状态的章鱼身上来。如果播放器播放的是乡村音乐和西方音乐，那么被激活的就是喜欢这种音乐的章鱼，如果播放的是莫扎特的音乐，那么被激活的章鱼就是那群莫扎特爱好者。

因此，背景音乐提高了不同群体的敏感度。这种敏感度的提高或者准备好开始活动的状态意味着，音乐播放时的模式顺序（黄色斑纹的转换顺序）不同于音乐没有播放时的模式顺序。

这是非常重要的一点。

对于大脑，我们观察到“情感”的效应，或者说神经细胞的化学变化对某个区域的激活作用。我们发现，模式更可能在被激活的区域内流动。因此，相同的刺激所引致的反应会随着化学变化这一背景状态的不同而不同，而化学变化又取决于我们的情感。这种情感效应既可以是神经性的，也可以是化学性的，两者不会造成差别。

我们还可以用其他的方式来激活特定群体的章鱼。我们在前面看到了，最初被直升飞机强光照射的那群章鱼在出现黄色斑纹之后，又在转瞬间被更强的模式暂时抑制，但是那群章鱼的准备状态或者说敏感度仍然比其他章鱼高，因此，黄色斑纹更加可能朝着它们的方向转换、扩散。在这一过程中，我们还应该考虑影响海滩的同时发生的因素。假设直升飞机的两束强光在最初的照射区域非常接近，那么黄色斑纹扩散的两个区域最终会合并成一个。

现在，我们可以总结出激活任何一群章鱼的方法：

直接刺激

来自于其他章鱼的刺激，或者联系程度的刺激（这取决于过去的连接情况）

在疲惫阶段过后提高敏感度

背景音乐

如前所述，疲惫和刺鼻气味这两个消极因素的效果都是一样的。

是什么保证了对这个模型的记忆？它就是：疼痛效应作为

联系度持续加强的基础，变成了永久性的。在神经网络中，这个持续加强的联系度可以通过酶的变化、增加新的蛋白质或者增加新的联系（触须）来完成。

我们可以列出这一系统的特征：

1. 如果章鱼之间是相互联系的，那么一只章鱼的活动可以刺激其他章鱼的活动（这个活动表现为黄色斑纹的出现）。

2. 被激活群体的章鱼范围受限于消极性反馈（刺鼻的气味）。

3. 疲倦性因素或者疲惫因素意味着活动会从被刺激的群体转换到下一个准备好活动的群体。

4. 刺激具有起点，其发展是非线性的。

5. 任何一只在同一时间内被激活的章鱼都会产生持续加强的联系（疼痛效应）。

由于具有以上简单的特征，这一系统能够执行以下行为：

1. 集中注意力。

2. 识别和重建模式。

3. 将不同的输入整合到一起。

4. 创建序列模式，从而积累经验。

5. 创建反复循环的模式。

6. 根据背景活动（或者化学变化）对刺激做出不同的反应。

以上所有这些行为都是强有力的，它们构成了自我组织、模式创建和模式运用的系统行为，构成了感知的行为。

现在，我们应该从系统的解释转向对系统行为的处理，以便展示出这些行为怎样与我们对人类感知的理解直接相关。

I AM

RIGHT

第三部分

| 感知是如何运作的 |

YOU ARE

WRONG

我描述的大脑模型是一个自我组织的系统，这种系统有着自己的生命和机制。在这个系统中，存在着完全的活动，输入的信息和神经网络主动地相互作用，而“我”、自我或者操作员既是观察者，又是参与活动的一个部分。

我已经描述了一个宽泛意义上的由神经细胞构成的自我组织信息系统，这个系统完全符合我们目前对人类大脑的理解，它还被计算机进行了模拟，并且显示出了和预期一样的效果。那么，又怎么样呢？

一次又一次，我接到不少读者的来信，他们各自在信中具体描述了他们对世界的看法。其实，描述任何一种事物都有无数种方法。我可以告诉你，摆在你面前的茶杯实际上是由数万亿个微型无机生物构成的，但值得一问的是："那又怎么样呢？"我不会用这种方式提出问题，因为这种提问方式带有攻击性。但是，对于任何一种描述或模型，我们确实都想知道它能带来什么不同，正如美国伟大的实用主义者威廉·詹姆斯说过的："它的实用价值是什么？"

科学的目的不是为了分析或描述世界，而是为了对世界做出有用的模型。如果一个模型使我们得以应用于实际领域，那么这个模型就是有用的。不过，这种运用不仅仅包括预测行为，还包括某种改变或干预。例如，我前面描述过的模型就在某种情况下付诸应用后节约了3000亿美元的费用。

我描述过的模型非常多，它们几乎涉及整个自我组织系统的领域。我们可能会发现这些模型的细节不全然正确，也可能会发现我们可以一次使用好几个大脑区域，或者好几个不同的大脑层（正如我预测的），但是这些发现都改变不了我们在宽泛意义上对大脑做出的基本理解。科学的关键就是制造出一个尽可能宽泛的模型，从而能够涵盖许多不同的实际系统，同时，这个模型还不能宽泛得大而无当，以致我们不知所云。正如我们即将看到的，我们可以从上述系统的行为中获取大量有用的信息。

我们对大脑的传统理解类似于一个“电话接线总机”，在这个模型中，一个非常忙碌的接线员不断地插线以建立联系。这就是我在本书中多次提到过的“桌面”消极系统，操作员（亦即“我”或自我）坐在桌子旁边，根据一定的规则把桌面上的东西进行移动组合。

而我描述的大脑模型却截然不同，它是一个自我组织的系统，这种系统有着自己的生命和机制。在这个系统中，存在着完全的活动，输入的信息和神经网络主动地相互作用，而“我”、自我或者操作员既是观察者，又是参与活动的一个部分。我们后面将具体探讨这个系统。

以下，我将列出在这种宽泛意义上的系统内会发生哪些行为（当然，这个清单绝不可能涵盖所有的行为）。在这里，我想再次强调“宽泛”，因为我正在描述的是一种宽泛意义上的系统。在本书后面的内容中，我会对每一种行为做出更具体的介绍。

模式形成：大脑提供一种环境，使各种活动进行的顺序构

成不同的模式。

引发：大脑从事物的局部出发，重新构建出完整的事物，或者由最初的部分引发出整个序列。

非对称：序列模式是非对称的，幽默和创造力正是来自于这种非对称。

洞见：如果我们以细微的差异进入模式序列，我们就会发现一些捷径。我们可以依赖偶然的机会，也可以有意识地来发现这些捷径。

后向学习：有很好的理由让我们相信，后向学习是一种比前向学习更有效的方式。

顺序：大脑就像一个历史记录员，因此模式的作用高度依赖于大脑中原始的经验顺序。

流域：每个模式都有一个广泛的流域，使各种不同的输入都能得出同样的输出。

刀刃区分：两个流域之间的界限是非常鲜明的，因此即使是十分相似的模式，我们也能对它们做出清楚的区分，只要模式发挥作用的话。

先占先赢：一旦一个模式得以建立，就很难推翻它另建一个新的模式。

不搭配：如果所提供的事物与大脑中已有的模式相违背，大脑就会强烈地注意到这一点。

准备：大脑中的模式不仅仅是处于活动或非活动的状态，它们还可以处于一种准备好活动的状态，这种状态有赖于具体的情境和情感。

情境：实际出现的模式取决于历史、当时的活动，以及为不同模式设置背景的情境。

循环：模式之间具有循环性，可以相互导回，这就是信仰系统的基础。

创建意义：大脑具有强大的能力来组合事物，并且为任意组合在一起的事物创建出一定的意义。

注意：大脑会关注全体中的局部，或者将注意力集中在某一个焦点上，而同时忽略其他的部分。

相关性和意义：注意力会被引向可能引发大脑中既有模式的地方。

无零度坚持：大脑的活动不可能稳定在一个零点状态，零点状态意味着只是被动地接受输入的信息，而不用某个模式来组织这些信息。

以上列出的行为特征看起来有些抽象，但是我们随后能看到它们对我们的日常思考和行为有着直接的影响。

顺序模式 ▶▶▶

你能够每天早上花 45 个小时来穿戴衣物吗？如果不能，那你就应该感谢大脑已经为我们建立了顺序模式。

一天，一个年轻人决定计算出他能够用多少种方法来穿戴他平时穿戴的 11 件衣物，他启动了电脑来完成这一工作。电脑持续运行了 45 个小时来向他展示一共有 3900 万种方法来穿戴这 11 件衣物，其中大约只有 5000 种方法是可行的（比如你不能在穿上袜子之前就穿鞋，等等）。3900 万这个数字很容易计算出，因为第一件穿什么你有 11 种选择，第二件穿什么你有 10 种选择，以此类推，其计算公式为：11×10×9×8×7×6×5×4×3×2。

当你倒一杯圣弗伦酒的时候，你不必考虑如何把酒从酒瓶倒到酒杯里。当你喝酒的时候，你也不必考虑怎么才是拿酒杯的最好方法，或者你应该把酒杯放在嘴巴面前还是耳朵面前。你大脑中的模式甚至还可能告诉你，圣弗伦酒是一种产自法国勃艮第地区的白酒，它的名称也是最近才广为人知的（如果你事先不知道，你现在也可以立刻建立起这样的模式）。

顺序模式的定义非常简单，即在任何时刻，变化朝着某个方向发展的可能性都高于其他方向。例如，对于正在运行的火车来说，在任何一个时刻，沿着铁轨朝前开的可能性都比朝着其他方向行驶的可能性要高。同样，大脑从现有的活动状态运行到下一个状态，也存在一个可能性最高的移动方向。

对于自我组织的大脑模型来说，模式形成和模式运用是其自然发生、不可避免的行为。这是它的自然活动，它也没法做其他的事情。雨水降落到一片原始未开发的土地上，最后，在雨水和陆地之间的相互作用下，小溪和河流形成了，新降落到地面的雨水就会汇入已经形成的河流，这就是系统的自然行为。一个生下来就眼盲的人即使突然重见光明，也还不能算得上看得见，因为每件事物对他来说仍然是模糊的，他还需要时间让大脑为所看见的事物建立起相应的模式。

如果大脑不是一个模式形成的系统，我们就不可能阅读、写作或讲话，每个活动，比如早上穿衣，都会成为一件耗时费力的工作，而运动也将变得不可能，比如，一个高尔夫球手将不得不深思熟虑每一次挥杆的每一个细节。每天在大街上来来往往的人们都在运用感知和反应模式，他们很少需要特意去考虑如何处理某件日常的事务。我们的大脑具有常规模式来指导日常活动，比如开车、打高尔夫球，等等。我们的感知也具有常规模式，这些模式使我们得以辨认刀叉、辨认他人。意义也具有常规模式，正是依赖这些模式，我们才能够倾听、阅读和交流。

传统的计算机必须非常费力地创建和辨认模式，我们的大脑却能轻松地形成模式并立即辨认出模式，这正是大脑的本质，这一本质直接来源于自我组织系统的运作方式。

引发和重建 ►►►

1988 年，AT&T（美国电话电报公司）宣布了一项重大突破：第一块神经电路问世了。这意味着电路操作模式的基础开始演变为神经网络行为（和我所描述过的相似），而不再是传统的计算机电路。在未来，只要输入一张照片的一小部分，整张照片都可以由此得以重现。这意味着：整体的任何一部分都将引发出整体的重建。

同样，这也是自我组织系统的一种自然行为。这种行为直接起源于模式形成和模式运用。只要模式的一部分得以引发，模式的其余部分就会随之展现或者重建。

有一次，在拉斯维加斯的 MGM 大饭店，我亲眼目睹了一次舞台魔术表演，在表演中，魔术师竟然让离我的座位只有几英尺远的一头狮子消失不见了，这个魔术令人印象深刻。我对舞台魔术推崇备至，因为它能够从始至终不露痕迹地愚弄所有在场的观众。舞台魔术师有意识地运用了引发效果，他们先设立某种事物来引导观众的思维模式朝着某个方向前进。接着，他们自己则转向另一个不同的方向。一个简单的例子就是，魔术师开始变戏法的时候，都会铺陈一整套仪式来告诉观众接着会发生什么（比如消失）。

1988 年 7 月，四个抢劫犯带着一百万美元走出了纽约机场的办公大楼。整个过程中既没有发生暴力，也没有发生威胁。这些抢劫犯化装成每天大概这个时间都要来收银的工作人员，他们出示了看起来可信的证件，正是这些证件引发了警卫人员的常规思维模式，从而毫无防备地把他们当成了真正的收银员。显然，证件上的图形标志自动引发了相应的模式，而这些模式可以创造出相应的文字、意识和意义。

扣动扳机也是同样的道理，只不过它所引发的可能是一杆水枪、一支瞄准飞靶射击的步枪、一把可以置人于死地的手枪，甚至是一颗可以击落飞机的导弹。

基本上，大脑中的引发系统是非常有用的，如果没有这种引发系统，我们将花费大量的时间来确定需要什么样的模式来指引思考。因此，我们无需刻意去进行选择，引发系统将自动带我们进入相应的模式，比如，你可以立刻认出一个朋友，而无需先掏出测量仪器去测量他鼻子和眼睛的宽度，然后再行确认。

但引发过程有时也发生得太快。我的一个朋友曾经停下车来帮助一个被飞驰而过的汽车撞倒的妇女，当他弯下腰去帮助她的时候，另一辆汽车开过来，而那辆汽车的司机马上就假设是我的那位朋友把妇女撞倒的（受伤的人以及当时只有一辆汽车在场的事实使他产生了这种反应)，结果盛怒之下，他把我的朋友打昏在地。

亲眼所见的未必是靠得住的，因为眼睛并不是摄像机，人的大脑会重建证人认为他或她认为自己看见的情境。

引发系统会重建你认为存在的事物，而不是实际存在的事物。因此，我们很容易引发出对于不同人群、种族或者情况的固定形象。商标、口号、形象和象征，不论是用于广告宣传还是出于政治目的，都充分地利用了引发和重建的效果。

到目前为止，扼杀创造力的最大杀手就是这样一个句子："这和……一样。"这种评论比宣告一个创意是荒谬的、胡说八道的、不切实际的还要糟糕。"和……一样"这个短语意味着所提出来的主意不是新的，因此根本不需要讨论它。然而，实际的情况可能是，被提出来的新主意有一部分引发了听者头脑中某个既有模式，因而他们拒绝再去了解新主意的其他部分。

关键的问题是，模式的引发是否可以改变我们的所见所闻。这关系到头脑中的既有模式与实际情况之间的竞争，有些心理实验证明这是可能的（就像舞台魔术所发生的那样），但是，证明这一点并不那么重要。模式的引发会建立起相应的情感和固定的形象，从而直接影响我们对面前事物的感知。被改变的感知会决定着我们去注意什么，以及运用什么样的模式。结果，我们所看到的事物很可能与别人所看到的事物不一样。这一现象既适用于医学上的情况，也更多地适用于当我们对语言和图案做出思考反应时的情况。

我曾经建议对那些惯犯进行文身，以便于识别他们。这个建议引起了恐慌，这种恐慌倒不是由于对惯犯不公平或残酷的对待，而是“文身”这个主意立刻引发了纳粹集中营当年对囚犯进行文身的景象，这才是恐慌的真正来源。

引发和重建现象是任何一种模式形成系统的自然行为。整体来说，它非常有用，没有它，我们的生活将变得不可能。但无论如何，引发这一现象的存在使我们更加确信：在感知领域中，不可能有任何真相存在。

模式的非对称性 ▶▶▶

为什么幽默是大脑最为出色的行为特征？为什么传统的哲学家和心理学家都忽略了幽默？

幽默直接来自于自我组织系统中的模式非对称性，它之所以重要，是因为它揭示了这种系统的本质。幽默不可能发生于消极的桌面信息系统，虽然在该系统中，我们可以通过分类、对比和选择，来相对容易地完成推理，但是，幽默只能发生在非对称的模式形成系统中。传统的哲学家们没有注意到幽默的重要性，恰好证明了他们一直身处在消极的桌面信息系统之中。

模式的非对称性还解释了为什么2400多年甚至更长时间以来，我们为什么没能理解创造力并有意识地运用它。那么，什么是非对称呢？

非对称意味着缺乏对称性。如果你一只脚穿着黑色鞋子，另一只脚穿着棕色鞋子，这就是非对称的。我预言，非对称将是人类未来最重要的研究领域之一。哥特式建筑是非对称的，因为它的每一面都不一样，而古典建筑的每一面则是相同的。如果你邀请一个人参加了一次精心准备的盛大晚宴，而那个人只回请你喝一杯咖啡，那就是非对称的。

如果你请一个人从“狗”这个单词开始，通过运用其他的单词，将它与“刀”这个单词联系到一起，你得到的答案与你请那个人从“刀”这个单词开始，运用其他单词与“狗”联系起来所得出的答案是迥然相异的。换句话说，从狗到刀的路径与从刀到狗的路径是不同的，正是在这种意义上，模式是非对称的。从A到B可能是一条漫长而乏味的路径，但是从B到A则是一条直接而简短的捷径。

你开车到城市另一头的一个朋友家去吃晚餐，你选择了你平时熟悉的路线。当你离开朋友家时，朋友建议你走另一条更快的路线回家。如果不是朋友的建议，你可能永远也不知道还有这样一条捷径可以回家，因为你过去常走的路线已经成为了你的主干道。

儿童画册里面常常有一幅四个人钓鱼的图片：四个人的钓鱼线缠绕到了一起，只有一条鱼咬住了鱼钩，其他三个鱼钩都是空的。孩子们往往被要求找出这条鱼是谁钓到的。如果你从每个钓鱼者手里的钓鱼线开始寻找，你将很难找到，因为没有办法辨清究竟是哪根钓鱼线的尽头钓着这条鱼。但是，如果你从鱼开始顺着钓鱼线往回寻找，你就会很快发现谁是那个幸运的钓鱼者。

以上两个例子都是非对称路径的例子。为什么非对称在模式形成系统中如此重要呢？

举例来说，又有一天晚上，你开车去乡村，打算和几个朋友一起吃晚餐。朋友明确地告诉你，“在开过教堂后第三个路口向右转”，可是当你在看似第三个路口右转后，却发现自己开进了一条死胡同。这里的问题出在，一路上除了大路以外，还有一些小道、小巷，要怎样才算是“第三个路口”呢？为此，你经过每一个路口时都必须做一番评估，而这将耗费大量的时间。

在模式形成系统中，总存在一条主干道以及许多支道。如果大脑在每个支道的入口处都要停下来考察一番这条支道通往哪里，那么我们的生活节奏将变得非常慢，而且拥有模式形成系统也就毫无意义了。此外，这样做还会使我们耗费大量时间不断地做出决定和选择。

幸而大脑并不是这样的组织情况，正如我前面描述过的，模式形成系统的自然和本质行为确保了在任何一点上，大脑都会选择可能性最大的前进路径，而放弃可能性较小（哪怕只有轻微的大小差异）的路径。因此，在任何一个时刻，旁边的支道实际上都不存在，我们总是毫不犹豫、充满自信地沿着主干道前进。

然而，如果我们“不知何故”跳到旁边的小道或者从旁边的小道出发，那么沿着旁边小道回到原点的路径就非常简单容易。这就是经典的非对称性，我们可以用下面的图来形象地展示它。

我想再次强调，这种行为直接来源于模式形成系统的自然本质，而不是被添加上去的特征。

如果我们“不知何故”从主干道切换到旁边的小道，那么从事后来看，回去的路径就是显而易见的，这正是幽默的本质。喜剧演员、笑话、故事中的妙语就经常扮演着把我们带到旁边小道的角色。事前看起来毫不明显的事情在事后看起来是那么的显而易见。

一个 85 岁的男人死后下到地狱，正当他闲逛的时候，他遇到了另一个和他年岁相仿的朋友，而那个朋友的膝上正坐着一个年轻漂亮的女人。他向他的这个朋友打了招呼，然后问他：“你确定这里是地狱吗？你看起来过得很开心嘛。”“噢，这里当然是地狱。你瞧，我就是地狱给她的惩罚。”

我们沿着旁边的小道回到起点的路径和力量取决于不同的话题、不同的道德伦理偏见，以及喜剧演员不同的个性，等等，但是其中的基本原理都是一样的。

同样的过程也发生在创造力或者我更喜欢称为的“水平思考”中。正如我后面将要解释的，“创造力”一词非常宽泛，所以我发明了水平思考这个术语来特指通过水平切换模式而产生的概念和感知的改变。水平思考直接来源于我们将大脑视为自我组织的模式形成系统，现在，水平思考这个术语已经被收录到《牛津英语词典》中，虽然词典对它的定义还表达得不够充分。

在水平思考中，我们要做的正如在幽默中要做的，亦即力求从主干道切换到旁边的小道。为此，我设计出了特定的思考工具和过程，稍后我会对它们做一个简短的介绍。如果我们成功地切换到旁边的小道，那么从事后来看，我们能立刻看出新位置的价值（正如在幽默中那样）。

现在，我们遇到了一个严重的困境，事实上，我认为这是我们整个思考文化中最严重的困境之一。这个困境就是：每个有价值的创意在事后看来都必然是符合逻辑的，若非如此，这个创意就只能是一个得不到任何支持的胡思乱想，也许只有等到某一天我们才能认识到它的全部或者部分价值。因此，我们只能欣赏那些事后看起来符合逻辑的创意。当然，有一些创意只有在人们经过必要的范式转换（正如本书所做的）以后才能得到大多数人的支持。

于是，我们总是倾向于认为，如果一个创意在事后看起来是符合逻辑的，那么在事前运用强大的逻辑也能得出这个创意。因此，只要寻求更好的逻辑就可以了，而无需去教授和学习创造力。这种态度在消极的桌面系统中是绝对正确的，但是在自我组织的系统中却是完全错误的。不幸的是，我们的整个文化几乎都建基于消极的桌面思考，这就是为什么我们没能明白创造力在逻辑上具有绝对必要性的原因。

那么，知道了这些以后，我们可以有意识地采取步骤，从主干道切换到旁边的小道吗？我们能。很多年前，我为此设计发展出了特定的思考工具，这些工具已经在实践中发挥了巨大的效应，而且正如我们看到的，彼得·尤贝罗斯就是运用这些工具来产生创意，使得1984年洛杉矶奥运会开始盈利的（这些工具得到有效运用的例子还有很多，但是这个例子尤其突出）。

为了切换到非对称的路径中，我们需要综合使用两样东西：激发和“移动”。1982年，IBM研发人员宣称：在某些类型的系统中（比如博茨曼方程），激发具有绝对的数学必要，而这正是我自20世纪70年代创立水平思考以来一直大力提倡的。

有些理由只有在被提出来以后才成其为理由，这就是激发。通常，在说什么事情之前，我们都有理由来说它，而激发是专门设计用来扰乱系统的，正是借由这种扰乱，我们才为激发找到了正当理由。

我们很容易想出一个激发并把它作为思考的踏脚石，这块踏脚石并不建立在经验的基础上，而是处于思维主干道之外。激发的作用就是帮助我们从思考的主干道上切换出来，一旦切换出来，我们就能从事后看出创意的价值，而忘记了当初是怎样切换出去得到创意的。

在科学史上，偶然的事件、错误、环境的结果、疯狂、故意唱反调等，都曾经为我们提供了激发，但我们无需坐等这类事情的发生，我们完全可以有意识地设立和运用激发。

我发明了"po"这个新单词来标示激发。例如，你可以说："Po汽车应该有方形的轮子"。如果没有在前面标上"po"，你所说的就会被视为荒谬疯狂，与我们的真实机制完全不符合。但是，这个激发确实引发了一系列有用的主意，其中就包括设计活动悬架这个主意。很多年前，我建议设计一种汽车悬架系统，当汽车颠簸时，它可以像马儿提起自己的脚一样把轮子提起来。这个概念如今被美国Lotus公司（GM的一个新组成部分）和其他一些厂商付诸加以应用，结果，他们设计出了一种比任何现有悬架系统更卓越的悬架。当然，我在这里无意宣称这个主意是我原创的。

新单词"po"是从假设（hypothesis）、猜测（suppose）、可

能性（possible）和诗歌（poetry）这类单词中截取出来的。在这些单词所表示的情况中，我们都是运用一种表述或一个主意来前进。po 还可以用来代表“激发性操作”（provocative operation）。

如果不搭配进行“移动”操作，激发将变得毫无用处。移动是一种区别于判断的新操作。在判断时，我们将一个主意与现有模式进行对比，如果这个主意不符合现有模式，我们就否定或者批判这个主意。然而在移动时，我们运用这个主意向前移动，就像在诗歌中所做的那样。

我们可以用特定的、正式的方法来设立激发、进行“移动”，这些方法包括有意识进行创造性思考所用的特定工具，但本书不适宜具体介绍这些工具。*

一个位于河流上游的工厂造成了污染，生活在河流下游的人们饱受其害。对此能做些什么呢？我们设立一个激发：“Po 工厂本身就处在河流的下游。”这听起来既荒唐又不可能。但是这个激发直接形成了一个非常合乎逻辑的主意，即工厂生产所用的水必须是它排放废水后河流下游的水。通过这个办法，工厂会第一个自食其果，因此，它将更加注重污染防治。这个主意是很多年前就提出来的，有人告诉我，一些国家已经把这个主意整合到立法当中。

我之所以费力讨论这些事情是出于两个原因。第一个原因是为了展示出：由于我们没能理解自我组织的模式形成系统，

---

* 我还有其他一些书专门介绍水平思考的实际运用，比如《水平思考法》等。

所以我们没有正确地对待创造力。第二个原因是为了展示出：理解自我组织模式形成系统的本质可以带来实用的效果，比如我们可以设计出特定的有意识用来产生创意的思考工具。在这里，我们就看到了两个合理的操作：激发和移动。

模式的非对称性还导致了洞见的发生，以及一个更进一步的、非常简单的创造性思考工具。

洞　见 ►►►

阿基米德赤裸着跳出浴缸，并大叫着“有了！”亚历山大·弗莱明突然发现被青霉素这种霉菌感染过的培养器皿具有重大价值，克库莱从蛇咬尾巴的景象中突然想象到了苯环。洞见的时刻，“有了！”的时刻，以及“阿哈！”的时刻，都在创造性成就的历史上留下了光辉的记载。范式转换虽然进行得慢了一些，但也是洞见的例证。洞见并不一定来自于长期的新证据的积累，也许不知何故，我们会突然转换到另一种角度来重新看待同样的事物。

洞见是如何在事物必然沿着既定模式进行的模式形成系统中发生的呢？无疑，模式形成系统与洞见是完全相反的，因为洞见意味着我们突然获得了一个新的模式，但诡异的是，正是模式形成系统的本质导致了洞见的产生，而且与幽默产生的情况十分相似。

当沿着主干道前进时，我们无法切入到旁边的小道上去，但如果由于某种偶然的原因，我们从旁边小道上或者附近的某一点出发，就会立刻发现一条非常有意义的返回主干道的路径。

这种偶然原因可能是一次偶然的谈论、一条新信息，或者与环境毫不相干但是有助于我们打开新思路的事物。众所周知的苹果掉在牛顿脑袋上的故事（这个故事显然不是真的），就是这样一种例子。

直觉不同于洞见，洞见是一种突然的领悟，就像一个机械师或者电脑程序设计师突然意识到某件事情能够以更简单的方式来做一样，直觉则是一种长期的无法言传甚至潜意识的背景模式的积累。有的时候，一个关键的模式出现了，整个网络就由此被打通、变得可用了。

因此，我们可以利用洞见这些现象，用人为的方式来获取洞见。不过，我们如何提供一个切入点呢？我们用什么来替代那些能够帮助我们切入旁边小道的偶然事件或信息呢？答案惊人的简单，而且它是一个很简单的水平思考技巧。这个技巧如今已经在设计新产品、开发新创意等多个领域被人们广为使用。我们不能刻意地去选择一个新的切入点（尽管这是一个有用的过程），因为我们在这样做时有可能只是在选择一个和既有模式相联系的点，所以我们既需要一个新的切入点，又不能刻意去选择它，但我们可以借由偶然因素的力量。

为了方便起见，我们可以运用一个包含一系列功能和联系的词汇（最好是名词）。我们偶然地获取一个词汇，比如打开词典中的任何一页，选择该页第五个词汇后出现的第一个名词，然后把这个词汇与我们思考的焦点领域联系起来，以催生创意。

例如，我们思考的焦点领域是“香烟”，随机输入的词汇是交通灯。很快地，我们会想到在离烟嘴有一定距离的地方设计一个红色的圈，以表示对吸烟者的“警戒区”。如果吸烟者在烟头燃烧到红圈以前就熄灭香烟，那么吸烟在某种程度上就是比较安全的，这也有助于吸烟者做出吸多少烟的决定。对那些想戒烟的人来说，还可以把红圈的位置设计得离烟嘴更远。

在消极的桌面系统中，这个简单得出奇的技巧可能被看做是荒谬的，因为顾名思义，“随机输入”的词汇必然与思考的焦点领域毫无关系。同一个随机输入的词汇可以用于任何一个思考题目，而任何一个随机输入的词汇也可以用于同一个思考题目，对消极的桌面系统来说，这简直是胡说八道。但是在自我组织的模式形成系统中，这却是完全符合逻辑的。当你从外围中的任何一点进入到中心时，你很有可能发现一条绝妙的路径，而这个路径是你从中心到外围时不可能发现的，这种现象直接来源于模式的非对称性。

此外，随机输入的词汇会使某些模式变得更加突出和敏感(比如，“交通灯”这个词汇使“控制”、“危险”、“停止”等模式变得更为突出)，由此，思路就会沿着这些本来不会被想到但是现在被突出的模式进行思考。随机输入词汇这个技巧非常有效，非常简单易用，它也是一个证明有用模型可以帮助产生创意的实际例子。正如我以前说过的，随机输入词汇这个技巧永远不可能产生于消极的桌面模型。

随机输入词汇这一技巧的有效性无疑证明了我们创建的大脑模型是正确的。也许还会有进一步的模型可以产生这种效果，但如果模型能够产生出可以直接应用的思考工具，那这个模型就确实具有真正的实用价值。任何一个科学模型都是以提供实用价值为目的，而不仅仅是为了提供一种解释。

后向学习

如果你要教人如何使用车床加工木头，你可能按照这样的顺序来教：检查机器，打开电源，将加工工具放到机器口，将木头放到工具中间，重新检查，开动机器，观察和控制加工过程……关掉机器，拿出工具，移动已加工成形的木头，关掉电源。这是常规的操作顺序，它看起来很适合教给初学者。

但是这个教学顺序有可能完全是错误的，也许最好的顺序是倒过来，也许我们应该教的第一件事是如何关掉电源，然后如何移动已加工成形的木头……最后如何打开机器。

模式形成系统的逻辑告诉我们，后向学习可能更为有效。这个学习方式不一定适用于语言（因为语言中的含义可能在某个方向有效，但在另一个方向就无效），但可能适用于这里，比如学习一首长诗，我以前做过的一些初步工作已经证实了这一点。

想象我们在按照常规顺序学习 ABCDE。我们先学习 A，接着是 B、C。每一次我们都是从已经熟悉的领域移动到刚刚开始学习的领域，由于我们是朝着新的领域移动，所以我们很可能犯错或者走错方向，这种错误是难以避免的。现在，让我们来看看后向学习是什么样的情况。

首先，我们学习 E，然后学习 D。这意味着我们是在从刚刚学习到的新领域移动到我们已经熟悉的领域。因此，犯错的可能性就比较小。接下来，我们学习 C，然后再充满自信地学习 B、A。

这里的原则在于，如果你知道你要去哪里，而且你曾经去过那里，你所取得的效果会比你从已知领域走向未知领域要好。有人告诉我，一些唱诗班指挥的传统做法就是这样：先教最后一句诗，然后教倒数第二句诗，然后教倒数第三句诗，等等。通过这个方法，唱诗班的歌手就可以满怀信心地逐渐进入到他们已经熟悉的诗句。我相信，有些人已经开始用后向学习这个方法来教人打高尔夫球，你从最后一个挥杆技巧开始学，一直学到第一个技巧。

更多的领域都可以采用这样的学习方式和顺序，而这个学习方法会给我们的教育带来深远的影响。要从简单的顺序转变到复杂的程序，这的确不容易。而对于更加复杂的程序，后向学习意味着什么呢？我们可以把它设想成是对各种概念的顺序所进行的一种特殊设计。

这是一个反直觉，但又直接来源于自我组织模式形成系统的广义行为的例证。同样，它也具有相当大的实用价值。

时间序列 ►►►

如果你打算在一个新领域开始工作，你应该先充分地研究那个领域。这样做是对还是错？

传统的看法认为，你应该竭尽所能地博览群书，来获得现有知识的基础，并在此基础上逐步前进。这种看法有一个缺陷，这个缺陷是关于科学方法的，事实上，我们获取的不只是信息知识，还有以概念形式或者感知形式存在的知识。在桌面模型中，知识就像是摆在桌面上的东西，我们可以玩耍组合这些东西，但在自我组织的模式形成系统中，知识是隐含在一系列概念和感知之中的，这些概念和感知共同构成了托马斯·库恩所称的范式。

为什么历史上某个领域的重大进步常常来自于对该领域一无所知的人，或者是受到了其他领域的启发？在混沌科学的发展中，这样的例子不胜枚举。这里的问题与我们是否要去捍卫自身的领域无关，而是与时间序列有关。模式形成系统真的是一种记录历史的机器，因为模式都是直接根据经验的顺序形成的，而且模式的每一个部分都已经固定结合起来，不能像在桌面模型中那样随意移动，这正是自我组织系统的本质表现。

以整个人生的观点来看，圣·伊格内修斯·罗约拉（他的名言是：给我一个小孩，在他长到七岁之前，我就可以设定他的一生）、弗洛伊德和马克思主义者都是对的。新模式会建立在早期的模式基础上，而从研究的角度来说，我们过去的经验或过去的研究会设置出未来的模式。有的时候这很好，有的时候这很糟。亚历山大·弗莱明之所以能够发现被青霉素感染过的培养器皿具有重大的价值，是因为他在抗生素研究领域有着长期积累的知识背景。而我自己在医学方面（尤其是离子控制的整合系统、肾功能、循环控制和呼吸控制等方面）的知识背景也导致了我对自我组织模式形成系统的兴趣。如果我的知识背景是哲学、逻辑、数学或计算机科学方面的，我可能会选择研究符号的操作，并且永远跳不出桌面模型的窠臼。

有些时候，过去的经验会束缚我们的手脚，因为我们深陷于过去的经验无法自拔。也许最理想的方法是了解足够的信息，然后在此基础上开展工作，同时，你仍然需要学习该领域中强有力的工具和技巧。但即便如此也可能很危险：如果你手里拿着的是锤子，那么你遇到任何问题都想把它当作钉子看待。

我们经营航空就像经营铁路一样，因为铁路是最先出现的，我们只不过把经营铁路的概念移植到航空而已。但在航空中，一些概念（比如固定的路线等）不仅没有必要，而且成本高昂、效率低下。

模式形成系统也对时间序列高度敏感。我们来看一看机场里一架载满乘客的飞机机长所做的通知："我是机长，恐怕我有一些坏消息要告诉大家。你们都听说过航空拥堵吧，我很遗憾地告诉大家，本机将推迟五分钟起飞。"这是我亲身经历的一次真实体验。这个通知的前半部分使乘客感到紧张不安，大家都以为会听到诸如技术故障一类的坏消息，但是一听到是航空拥堵和延迟起飞，担忧就随之消除了。其实，航空旅行本来就很令人紧张，完全有必要培训航空人员如何以最适宜的方式做出通知，比如，这位机长应该一开始就直截了当地告诉乘客将推迟五分钟起飞。

任何时刻都应该先把好消息说出来。

流　域 ▶▶▶

我有一次在离加拿大边界几百英里的密西西比河畔享用晚餐。我们通常都以为密西西比河是南方的河流，但实际上，密西西比河汇集了美国大部分水流。

在瑞士西部，有一条有趣的山脉。如果你在雨天站在山顶上朝着东方吐口水，你的口水最后会顺势流入多瑙河，但如果你朝着西方吐口水，你的口水最后会落到荷兰的莱茵河。这里值得关注的有两点，一点是两个大的流域之间存在着泾渭分明的界限，另一点是这两个流域的规模。

密西西比河、多瑙河、莱茵河都是巨大的流域，而“流域”正是我想在这里讨论的主题。

想象一个直径为一英寸的试管，试管管口朝上插在地面上。如果要你把一颗滚珠丢进试管，你就必须靠近试管，准确地瞄准管口。现在，我们找一个直径为1英尺（12英寸）的大漏斗，然后把漏斗下方的管嘴插入试管。于是，把滚珠丢进试管的任务变得容易多了，我们不再需要瞄准一个直径为一英寸的管口，只要瞄准直径为12英寸的漏斗，就可以轻轻松松地让滚珠落入试管。

漏斗就是一个使各种不同的输入得出同样输出的系统。现在，让我们把漏斗下方的管嘴拔出试管，把漏斗竖在一盘沙子的上方。不论你从漏斗上方哪一个位置丢下滚珠，滚珠都会落在沙盘中的同一个位置。如果把漏斗拿开，这些滚珠就会四处散落开来。

这和大脑中的模式有什么关系呢？有很大的关系：模式究竟是像漏斗和河流那样具有宽广的流域呢，还是像没有插上漏斗的试管那样只具有狭窄精确的流域呢？

如果你把一大盒脆玉米片放在桌子上，然后拿着相机绕着它走一圈，从各个角度给它拍照，你会得到各个不同的画面。那么，人的眼睛如何能够辨认出所有这些不同的画面表现的都是同一盒脆玉米片呢？

多年以来，人工智能领域的研究人员对大脑和眼睛能够从事非常复杂的扫描和对比的能力感到迷惑不解，然而，在自我组织的模式形成系统中，答案却非常简单。对于脆玉米片盒(以及类似的其他事物)，大脑存在一个非常宽泛的流域，所有关于脆玉米片盒的不同画面都会最终被引导到同样的模式。这种现象没有什么奇怪或特别的，它就是我前面描述过的简单的模式形成系统的自然行为，若非有这种自然行为，这种系统就不会有效。

此时，我想暂时把竞争性模式和刀刃区分效果抛至一边，专注于观察一个模式的流域。如果这个流域是宽泛的，那么各个不同的相关或类似的事物都会被纳入同样的模式。从实用的观点来看，这是非常有价值的，因为我们无需学习大量的模式，只要有几个宽泛的模式就够了，而且大部分事物都会被纳入某个模式的流域。试想一下，婴儿头脑中只具有简单的模式，但大部分事物都可以流入这些简单的模式。

这是如何发生的呢？在纸上画出许多圆圈，每一个圆圈都代表大脑系统中一个特殊的“活动状态”。每一个状态都会疲惫下来，然后被新的状态取代。因此，我们用一条直线把前后两个圆圈连接起来，并在直线中间画两杠，表示这是一种可能性很大的变化路径。但是，如果第二个状态本身就一直处于活跃状态，因而很可能由于疲惫而不能即时做出反应的话，我们就需要第二种变化路径。于是，我们把第一个圆圈与其他任意一个圆圈连接起来，并在连线之间画一杠。随意地把纸上的圆圈连接起来，但是要确保每个圆圈至少有两条线：一条线应该有两条杠在中间（第一种变化路径），另一条线有一条杠在中间(第二种变化路径)。你可以从任何一个圆圈开始，然后从第一种可能的变化路径画出去，如果这条路径已经有了，那你就从第二种可能的变化路径画出去。

不论你怎样画，你都会重复进入一个圆圈（偶尔会是两个）里，所有其他的活动状态都会传回这个稳定的状态。这并不是什么奇迹，这是自我组织系统的自然行为，因为它们是从不稳定的状态移动到稳定的状态。其结果就是，各种不同的输入都可能被纳入已建立的模式之中，从而形成稳定的状态，这就是宽泛的流域。

最初，出于生存的需要，这种宽泛的流域机制有着巨大的优势。但是随着时间的推移，它的缺陷日益明显，而我们的文化深受这些缺陷的负面影响。

在过去漫长的冬夜里，伊努特人（过去由于某种原因也被贬称为爱斯基摩人）长时间地挤成一团互相取暖。显然，如果你被迫处于这样一种群体状态，人际关系将变得非常重要，也非常微妙。因此，我相信，伊努特人一定发展出了丰富的语言来描述人际关系之间各种细微的差别。由于雪占据着他们生活中的绝大部分，他们大概有 20 个词汇来描述雪，而对于从爱到恨的人际关系，他们也有 20 个词汇来描述其中的细微变化。例如，有一个词汇描述的就是这样一种意思：“我非常喜欢你，但是我不想和你一起去猎海豹。”

想象一下，各种丰富的定义会具有多么大的实用价值，而这种价值对于表达各种丰富微妙的人际关系、交易关系（我非常喜欢你，但是我一丝一毫也不信任你），以及国际关系（“我们虽然是敌人，但我们都是地球的一分子”——哈罗德·贝克的名言）来说是多么重要。

然而，我们并不拥有这种丰富性，英语（和其他语言一样）在丰富性方面表现得尤其贫乏。我们的词汇只限于区分爱与恨，喜欢与不喜欢，信任与不信任，以及朋友和敌人。我们不得不运用这些粗糙的模式来看待事物，因此每一个模式都具有宽广的流域。再加上中心化这一现象（稍后我会对此做简短的解释），问题变得更加糟糕。

英语在定义事物方面之所以如此贫乏，是有原因的。英语是一种表达性很强的语言，是一种描述过程的语言。也就是说，我们可以通过组合词汇和短语来充分表达介于爱和恨之间的各种微妙情感，这对文学和诗歌来说还不错，但对感知来说却毫无用处。描述是一回事，但感知是另一回事。描述是对已发生的感知的描述，感知则是此时此刻正在发生的。我们需要丰富和微妙的模式来对应此时此刻的感知，而不是稍后再描述各种微妙的感觉。

因此，由于英语所具有的丰富表达性，以及它对自身这种表达方式洋洋自得的捍卫，所以说英语的人都被英语诅咒了。静态的德语以及具有丰富符号的日语虽然在最初看起来可能拙劣，但实际上却更能表达微妙的感知，结果就能演化出更好的范式。

这里要阐明的关键一点就是：描述能力与感知的即时性不是一回事。

想象一种具有几个巨大流域的地貌，每件事物都被纳入到那些流域之中，然后想象另一种具有更多更小流域的地貌。我们可以把这些巨大的流域概念称为“接收器”或者“陷阱”，一头大象的陷阱就是地面上的一个大洞，这个大洞周围是斜坡。

大象顺着斜坡滑入陷阱，然后再也爬出不出来。

我们的文明思考就充满了类似的概念陷阱，比如：自由、公正、民主、帝国主义，等等。由于我们被吸入到这些不能对之挑战的既有模式当中，所以我们不可能想出这些陷阱之外的任何一点。于是，如果你挑战民主，你就被视为“法西斯”(另一个陷阱)，如果你暗示社会主义，你就一定是“马克思主义者”。我们就像英国的采蘑菇人一样，只拥有数量有限的粗糙概念，而法国的采蘑菇人却能识别出更多类型的蘑菇。民主制度讲求交流，也是为了厘清这些概念。

现在，我们来看看“中心化”这个现象，这个现象与流域是相伴相随的。它的意思是，无论流域有多么宽广，一旦某件事物被吸附过来（就像在黑洞周围游离的任何东西一样），它就会最终被吸入到中心。换句话说，模式会以其最纯粹的方式出现，而不带任何遮蔽或者最初可能存在的条件。所以，罪犯看起来就是罪犯，不会是别的东西。

当然，我们知道文明和教育的目的就是打破这些粗糙的分类，以做出更为精细和微妙的区分，但其实际的效果却不敢令人恭维。这就像小女孩对正在擦抗皱霜的奶奶提出的问题：为什么它不起作用呢?

为了回答这个谜题，我们必须仔细品味什么是“打破粗糙的分类，以做出更为精细和微妙的区分”，这里的关键词是“打破”。此刻，我们还必须回想古希腊思想家和亚里士多德如何奠定了逻辑的基础，在逻辑中，我们有类别、等级和数量的区分，其中，分类是最为重要的。因此，我们有了一个关于罪犯的整体分类，接着，我们努力打破这个分类，进一步区分出入室盗窃者和电锯杀人狂。但是，这种区分程度也不大，因为即使在做出这种区分时，我们也在骨子里认为他们同样都是“罪犯”。

那么，我们还能怎样来做呢？除了把宽泛的分类打破成更为细致的分类以外，我们还可以拥有各不相同的丰富模式，注意到各种类别之间的共同点，而我们不必对这些共同点进行分类（这正是古希腊逻辑体系的基础），只需要站在纯粹实用的基础上对待它们就行了（比如，所有这些人的腿都断了，我们都可以给他们上石膏）。

稍后，我还会回过头来讨论我的分类习惯（正是这一习惯加强了模式形成系统的坏习惯）所产生的严重问题。

在前面，我提到过“和……一样”这个短语在创造性工作中的危险性，这是流域的另一个例子，它被用来否定任何不受欢迎的新事物。任何一个不懂得新事物的审查者都会运用这个策略。

“创造力”一词是英语中一个巨大的概念陷阱，不论是使某件事物发生（比如创造出混乱），还是艺术创造力，不论是数学洞见，还是孩子掰着手指数数，它都无所不包，这也是为什么我们没能在创造力方面有所作为的原因之一。正是为了逃脱这个概念陷阱，我才特意发明了“水平思考”这个术语来帮助我们在自我组织的模式形成系统中改变概念和感知。

我们还需要很多很多的新词汇，愤怒的语言捍卫者会把这些叫做信口胡说（这正是一种运用“和……一样”短语的现象），他们会宣称现有的语言足以描述任何事物，他们完全不明白描述和感知是不同的两回事。比如，在他们看来，“火车”

(train) 这个词可以表达一种概念，但是用“铁轨路” (iron rail road) 这个词来表达就显得荒谬了。

我从事的工作之一就是创造出一种新的思考语言，这种思考语言可以帮助我们感受到更多更广的概念，而这些概念是在充满对立和陷阱的日常语言中无法感受到的。其实，我们的语言本来可以比现在的英语更加丰富。很多人开始致力于拓展语言的工作，我现在则力图找出介绍这种工作的最好方法。

在使用名词时，我们力图判断“是”什么，而在使用形容词时，我们则旨在传达我们的感觉。形容词可以引起倾听者和讲话者之间的共鸣，但它有时也是阴险和高度危险的，因为它煽动起来的情绪很可能是完全不正当的。实际上，在批判性文字中使用的任何一个形容词都是可疑的，比如，一个家具展览的评论人形容一把椅子“自命不凡”，如果读评论的人没有真的看见过那把椅子，就很可能接受这种不符合实际的评论。

正如名词所指向的模式很粗糙一样，评估和形容词所指向的模式更为粗糙。我们有一些宽泛的评估，比如好/坏，正确/错误。这些评估都出于实用的目的，比如养育小孩、简化教育。若是没有这种好/坏之分的系统，每个学生的价值判断就会被操纵在一些怪异老师的手中。宗教也需要一种方式来向世人表明什么是允许的，什么是不允许的，什么应当得到奖赏，什么应当得到惩罚。在后面二分法中的刀刃区分中，我还会谈到这个问题。现在，我只是想详细讲述这些模式非同寻常的宽泛性。

我们可以说，基本的行为只限于“做”或“不做”两个选择，所以每个连接形容词都有理由看做是基本的。我们也可以说，大脑中决定我们基本情感的化学平衡是有限的，因此最好促使它们以最简单的方式发生。所有这些说法都着了二分法的魔（就像电灯开关的切换一样，不是开就是关）。

你可以想象一种气味的来源，或者一种散发气味的情况，但这种想象并不是气味本身。然而，我们可以辨认气味，并采取行动。一个卓越的厨师可以在舌头的不同部位一再品尝和创造出不同的味觉，并据此设计出新的菜肴。你不能想象诸如友好和恐惧之类的形容词，但你可以对它们做出情感的反应。同样，这些模式也是宽泛的、没有指明的。中心化的问题之一就是当外围的一个经验落入模式的流域时，就会被“中心化”，变成那个模式的一个纯粹例子，而所有的形容词和情感都会和那个经验所代表的感知联系起来。假设你想把某个人安排在某个工作岗位上，这个岗位应该让她感到高兴，并使她学有所用。对这个做法，我们没有一个词来完全表达。最接近的一个词是“操纵”，而这个词具有很多负面意义（考察、自我利益、暗中操纵、把人当作物品一样对待）。大部分的争论都包括把对方推到一个流域，然后把对方拖进去，结果，对方就不得不和那个模式所有的负面意义扯上关系。

因此，在到达某个临界点之前，模式流域的宽泛性让我们受益匪浅，但一旦超过临界点，流域的宽泛性就会变得十分危险和有限。那么，宽泛的流域究竟是好还是坏呢？这种无法描述到某一点为止是好的，而过了那一点就不好的情况，正是传统逻辑系统的一大缺陷（我稍后会讨论这个逻辑系统），因为在桌面系统中，性质都被牢牢地固定在了实体之上。

刀刃区分 ▶▶▶

让我们看看1988年温布尔敦网球单打决赛中的一幕：鲍里斯·贝克对决于施蒂芬·爱伯格。爱伯格正在网前，贝克用力向他发过去一个球，爱伯格闪到一边，让球飞了过去，球落在了底线外面几英寸远的地方。爱伯格怎么能知道这个球一定会越界呢？球的飞行速度非常快，而且它落下来的位置离底线也只有几英寸远。其中的答案在于，大脑非常善于做出精微的刀刃区分，而这也直接来自于我描述过的自我组织系统的本质。

一个人类学家很惊异地发现有两个十分邻近的村子，它们之间相隔不超过半英里，但两个村子讲的方言迥然各异，简直就像是两种语言。当然，两个村子之间也有相互贸易。那么，这是如何发生的呢？答案非常简单：那里有两条河谷，居民最初都是依傍着河谷而生活定居，居住在河流上游的人们与居住在河流下游的人们相互交流，因此，每一条河流的居民所讲的方言自然是不一样的。逐渐地，沿河畔而居的人们向内陆扩散形成一个村落，并且两个村落之间也有了接壤，而相隔不过半英里的两个村子正处在两大村落之间的交界处。换句话说，两大村落是背靠背、面向不同方向而建的。

现在，我们回到瑞士那条有趣的坐落于莱茵河流域和多瑙河流域之间的山脉。朝着一个方向吐口水，你的口水会落入莱茵河，但是朝着相反方向吐口水，你的口水会落入多瑙河。如果你想象一下两个流域继续扩展，就会出现两个流域相互连接起来（而不是相互重叠）的边界。在这个边界点，即使是非常细微的差别也能决定事物是朝着这个方向还是那个方向发展。

想象一根又高又细的竹竿头朝上平衡地竖立着，任何一个轻微的触动都会使它朝着某个方向倒下来，当它最后倒在地上的时候，竹竿顶端所在的位置离竹竿倒向另一边时顶端所在的位置非常远。

自我组织的系统是处于各个稳定状态（既有模式）之间的非稳定系统，它们最终都会倒向这个或那个模式。如果两个模式的流域非常接近，那在这一过程中就存在着非常精微的刀刃区分。

世界上两个等级制度最为森严的国家可能是英国和前苏联。在英国，等级差别建立在历史的基础上，以及一系列非常复杂的象征（口音、学历、穿着、工作、自信，等等）上。在前苏联，等级的高低则取决于重要性的大小，当人们评定一个人时，常常有意识和无意识地做出非常精微的区分（比如，“他不是我们的人”，“她不重要”）。

从生存的角度来看，大脑的这一特质非常宝贵，因为它克服了“不确定性”，快速地完成了辨认、感知和判断。也就是说，正如我现在要解释的，大脑可以很快地从“可能”状态进入到完全肯定的状态。

这种精微的区分在二分法中得到了强有力的运用，而二分法在我们传统桌面逻辑系统中非常重要。为了运用强大的矛盾原则，我们必须拥有多种类别，由于类别不容易寻找，所以我们创造类别，只消用“非”这个词就可以了。

你能想象一种“非橙子”的东西吗？也许很难，但是在英语里你可以这么表达，也就是把不是橙子的东西说成非橙子。

因此，我们把“民主”以外的制度都称为“非民主”。但这类说法对大脑而言都不怎么顺，因为大脑并不存在自然的“非橙子”模式。

用棋子来打比方就更简单了。如果你说一个“非白色的棋子”，显然你可以想象出一个黑色的棋子。因此，大脑会想出某种实体来匹配“非”这一类型，于是，“非民主”就变成了“独裁”。

一旦“独裁”通过这种途径来定义，就没有争议的余地了，于是，如果你想挑战民主，那你就一定是支持独裁（以及它所附带的一切事物）。然而，有很多国家的政治制度既不是民主的，也不是独裁的，其中有些国家的制度我可以想象，有些则无法想象。

我打算稍后更为具体地考察这种二分法的严重危险，但现在应该指出的是，我们出于逻辑分类的需要而人为设立了二分法，并以此来看待世界，这逐渐成为了区分“我们”和“他们”的基础，也使我们不可能创造出超越这种二分法的新感知。

在法庭上，如果一个人是无罪的，那么他就一定是无辜的。是否还有别的不同的司法系统呢？很多法庭，比如英国的法庭，确实是在这种粗糙的基础上判案，而一些法庭则允许有进一步的分类。比如，在苏格兰法律中，存在一种“未证实的”裁决，这种裁决与“无辜”完全不同，而在美国法律中，存在一种叫做“未抗辩”的规定，即被告虽然不承认有罪，但也无法抗辩对他的指控。我们甚至可以想象这样一种法律系统，即实行“可疑等级Ⅰ”或者“不知何故其可疑等级为Ⅳ”。在这里，我无意说这是一个更好的法律系统，但它的确与现行的法律系统有很大的不同。

科学家被区分为“调和者”和“分裂者”两种。调和者指出某个看起来不同的事物实际上仍然属于同一类事物，或者展示出其中的相似性，从而获得科学进展。与之相反，分裂者则指出某种看起来相类同的事物实际上是不同事物，从而获得科学进展。两种科学研究习惯都依赖于观察、假设、所选择的用于区分的基础，以及大脑中精微区分的习惯。

显然，宽泛的流域、中心化和刀刃区分都意味着两个非常接近的事物可以被视为不相同的事物，这就是“转换”感知的过程。

比如，有一个不收取任何酬劳的志愿者，她把大量的时间和金钱都用于帮助城市里孤苦无依的人，这当然是一种高尚的、有意义的基督徒似的行为。现在，我们来看看如果转换过程发生作用，会导致哪些不同的理解。第一个转换的流域就是“好心人”，这虽然说明的是真实情况，但已经带着一丝的嘲讽；第二个流域是“不切实际的社会改良家”，这里暗含的意思是“自我陶醉”，以及只是为了自己的好处做好事；接下来就转换到“讨厌的人”。因此，通过转换过程，任何事物都可以如法炮制地被击倒。

先占先赢 ▶▶▶

在淘金时代，每个淘金者都急于用树桩标出自己的地界。在澳大利亚的蛋白石矿中，一旦你标出自己的地界后，就要尽力克制自己不要把矿挖到邻居家的地界之内。如果有人已经标出了他或她的地界，那么你就不能再把那块土地标为你所有，因为那块地已经被别人提前占有了，甚至如果有一条河流经你的地盘，你也不能挖出一条排水渠来穿越那条河流。

大脑也是如此，一个模式一旦被建立起来，就很难再创建另一个模式，因为我们的大脑总是沿着既定的模式前进，“和……一样”这种现象就属于这种情况。结果，我们受到既有模式、感知、概念和词汇的深深束缚。

语言就是集无知之大成的百科全书。相对于接下来的发展阶段来说，所有的词汇和概念都必然是在相对无知的阶段建立的，而一旦感知和概念被永远地固定在语言之中，它们就会控制和限制我们的思考，迫使我们运用它们来看待任何事物。要是我们发展出新的概念，其他人就会不理解我们（在指责我们信口胡说之后），并且无论如何都要用既有的词汇和概念来诠释我们发明的新词汇和新概念（“和……一样”）。这种现象和我们前面看到的一个研究者对本研究领域了解得越多，就越受既有感知的束缚的情况一样。

我们需要大量的新词汇来说出和感受现在还无法感知到的事物。感知也需要一个框架，就像科学检验需要假设这一感知框架一样。但是，我们还需要新的词汇来指称新鲜事物，而不能仅仅满足于用旧概念来描述新事物。为了获取进步，我们可能需要重新建立大量的基本概念。

有的时候，我们可以在既有的模式内建立一个新模式，使之做出更为精细的辨别，就像水平思考这一概念是建立在“创造力”范围内那样。我们还可以添加某些因素来改变模式，并最终转换其意义。甚至改变模式所包含的情感因素，也能使模式本身得到改变，或者即使模式本身没有改变，但至少其效果也得到了改变。例如，“老式”这个概念不讨人喜欢，有的时候，“老式”意味着贬义的落伍，但有的时候，它又指坚持真正的价值观、回归真正的技术，或者未经加工处理、原汁原味的饭菜。

模式很少会因为受到攻击而消亡，实际上，攻击反而会使模式的力量倍增。当模式停止成长或受到忽略时，模式才会消亡，而情境的改变也可能使模式消亡或改变。例如，避孕药发明之后，人们对性行为的很多感知都得到了改变。有时我们可以从一个完全不同的模式出发，然后逐渐扩展其流域，直到它能涵盖你原本打算改变的那个模式流域为止。

但是，基本的困难仍然存在，即新模式的建立仍然受到既有模式的支配。如果你想重新设计“利润”这个概念，不妨先试着和一家企业的经理主管谈一谈，看看是不是很容易达到你的目标。

不搭配

在到达一定年龄以前，孩子都喜欢一个故事以同样的方式来讲述，父母在讲故事中的任何细微变化，都会立刻被孩子察觉并指出来，直到有一天，孩子开始需要新的故事。

传统的桌面逻辑的基本要素之一就是矛盾定律，这个定律完全是人为的，但它在处理静态系统和符号系统的时候很有价值。然而，矛盾定律与真实世界的相关度很低，因为有些事物的真实存在并不一定依赖于人们对它的看法和它所处的环境。

尽管如此，人的大脑中仍然存在一个强烈自然的部分与矛盾相对应，这就是不搭配。

在一个著名的实验（布鲁纳的实验）中，实验对象被要求迅速浏览一副牌。在这副牌里面有一些不搭配的牌，比如一张点数为八的黑桃牌，显然，有些实验对象对这些不搭配的牌感到怪怪的。

乍一看，不搭配这个概念意味着某件事物必须像我们对它的预期那样，而宽泛的流域这个概念则意味着只要处在同一个范围，各个不同的事物都可以被接纳为同一个模式，所以两个概念之间存在矛盾。事实上，两者并没有矛盾。宽泛的流域是在我们进入模式之前就存在的，它使各种不同的输入最后都被稳定地纳入某一个模式。但是，一旦我们进入了这个模式或者模式开始运行，任何细微的改变都会被立刻注意到，这是一种内在的不规则发现。

有人告诉你他正在苏格兰东海岸度假，欣赏鳟鱼在瀑布中跳跃。你的即刻冲动是想告诉他那不是鳟鱼，而是鲑鱼，因为在瀑布中跳跃是鲑鱼的行为特征，所以你觉得他的模式是错误的。或者，你可能还具有关于鳟鱼并不会在瀑布中跳跃的专业知识，在这种情况下，也出现了一个与鳟鱼模式的不搭配。

不搭配有几种类型。一种是："那个模式比另一个模式更符合我的经验。"第二种是："你所说的与我的经验一点儿也不符合。"第三种是："你所提议的完全不符合逻辑。"最后一种类型涉及物理学等原理（例如，发明永动机的提议）。

自然的不搭配现象究竟有什么重要性？其重要性就在于，一旦桌面逻辑中的严格分类、绝对标准和二分法，通过语言和其他方式被我们的感知所接受，我们自然的不搭配系统就会积极地对抗这种僵化的感知，其结果既可能是摧毁僵化的感知，也可能是跟着一起僵化。如果你对不搭配的要求很宽松，只是简单地耸耸肩说“那又怎样呢？”或者“模式不对也没什么关系”，那么僵化的感知就不会造成很大的问题。

也许不搭配系统对于人类的生存很有价值。如果你开启了一个模式，并沿循着它前进，你也得需要一个脱离的机制。例如，如果黄色的浆果表示“可以放心吃”，但是你吃起来的味道却很苦，那么你就得想办法让自己以后不再吃黄色浆果。老鼠之所以很难被毒杀，原因正在于此。

也许，用系统术语来说，不搭配只是神经系统中的一种不稳定状态，它无法被纳入一个稳定的模式之中。

准　备

“准备”是自我组织神经网络的一个关键行为，它尤其重要。我在描述自我组织神经网络的时候曾提及它，但是它十分重要，所以有必要在这里以不同的方式重新谈到它。

想象一个沙滩，沙滩上有一些美女躺在毛巾上小憩。一群脾气温和的章鱼举着长长的手臂在这些做日光浴的美女之间的沙滩上爬动，章鱼轻轻地挠动了一些美女，但是其强度还不至于使人痒得忍不住发笑，而身体被触动了的美女“准备”发笑，或者说他们比那些没有被触动到身体的人更可能发笑。有一个幸运的美女同时被两只章鱼挠动，她终于忍不住大声笑出来。

接下来，大笑起来的美女可能会引起其他人也笑起来，而且，她还可能在惊醒后把她旁边的人也挠醒，使她的邻居也笑起来。在这里，我关注的焦点是“准备笑”，准备的程度分很多层次，当到达一定程度后，笑声就会爆发出来。

如果你在观看一次喜剧演出时迟到了，你常常不明白你周围的观众为什么都在笑，你觉得喜剧演员所说的确实有趣，但其程度也不过如此。其实，这里关键的一点是，在你到达之前，你周围的观众已经准备好要笑了。

在大脑的神经网络中，突然大笑是“兴奋”或者“活跃”信号刺激的结果。神经细胞会接受其他神经细胞所输入信息的刺激，一旦到达某个点，神经细胞就突然兴奋起来，这种效果通常被称为“临界点效应”，它是神经网络结构的特征之一。这是一种典型的非线性效应，也就是说，当输入一个又一个信息时，神经系统没有什么反应，接着，整个神经系统突然都活跃起来。我们可以通过一个简单的比方来直接理解“临界点”这个词。假如由于下大雨或者排水沟堵塞等原因，大街上汹涌着滔天的洪水，但你的房子里面却完全是干燥的，街上的水位不断上升，你的房子仍然保持干燥。可是，一旦水位超过某个临界点并涌入你的房子时，你屋内的水位就会立刻变得和外面的洪水一样高。

对于计算机和其他电子产品，我们习惯于要么把它看做是模拟系统，要么把它看做是数码系统，这是我们所知道的二分法。在模拟系统中，我们按照一定的比例用信号来模拟真实输入，就像用一个体重仪来表明你的实际体重一样。在数码系统中，信号则被视为一系列或开或关的信号，就像有一系列开关，每个开关要么处于开的状态，要么处于关的状态。数码方法更容易掌握，因为我们总是可以通过重复开/关的顺序来重建信号，这就像一张照片是由大量非黑即白的微小像素组成的一样，如果你知道每一个像素究竟是白的还是黑的，你就可以准确地模拟出原来的照片。

但是我们的大脑既不是模拟系统，也不是数码系统，它是先模拟到一定程度，然后就转换成数码系统，接着又变成模拟系统，然后再次转换成数码系统，如此循环，所有这些都来自于大脑中发生梯度效应和场效应的化学变化。可能正是模拟/数码这种二分法导致电力工程师们更难理解大脑的系统。

提高某个事物（比如一个准备笑的日光浴者、一个准备活动的神经细胞）的“准备”程度，就是让那个事物对输入变得更加敏感。因此，对大脑的不同输入会使大脑的不同区域变得敏感，然后突然间，某个区域被激活了，而根据输入的信息以及这个区域与其他区域的联系，当这个区域最终疲惫下来时，另一个区域又会接着被激活，于是，好几个状态按照一定的顺序接二连三地发生，并最终形成一个模式（循环电路就代表这种情况）。

这就是大脑如何组合事物、评估其可能性和竞争性的方式，也是模式流域如何发生的方式。这种使神经变得敏感的输入在大脑中创造了整片“可能性”区域，突然，这种“可能性”就爆发成“确定性”，而我们此时感到的正是一瞬间的识别。因此，大脑就是一种“可能性”的机制，它随时准备好转换成可以指引我们行动的确定性。

诗歌就直接建立在这种敏感刺激的基础上。每个词汇、形象和比喻都刺激了大脑的某个部分，其结果就形成了一些混杂的模式或者某种情感。和散文相比，散文旨在一次连接一个模式，诗歌却覆盖了多个模式，散文必须表达出某种意义，诗歌则必须创造出某种效果，散文是一种交流，诗歌是一种刺激。诗歌就像那群在海滩上到处爬动给人们挠痒痒的章鱼，散文则像是站成一排的人，每个人只对挨着他或她的那个人挠痒痒。这其间的区别并不十分明显，因为有的时候散文也会试图覆盖多个模式、传达多种意象。散文代表了古典艺术的特征，与之相比，现代艺术则可以说是一种诗歌。

诗歌与感知性逻辑较为接近，散文与桌面逻辑较为接近。在诗歌之中，我们进行的是“移动”操作，这一操作正是水平思考中非常重要的一部分。但在桌面逻辑中，“移动”并不存在，也不具备逻辑基础。

如果我们理解了促使事物变得敏感的过程，我们就能够由此发展出一种新的语法形式。例如，我建议用一个和“阶层”相近的词“地层”，来指事物的“结构层”。一个事物的地层可能包含四五条平行线，每一条线都独立存在，不会和其他线相交，我们也不需要把这些线加总从而得出结论。地层并不是一种定义，也无需加以理解，它可以包含相互矛盾的说法，也不必像诗歌那样押韵，它和无韵诗相关，但没有任何艺术的表达，它的目的就是让大脑变得敏感，就像诗歌所做的那样。

以下是关于桌面逻辑的地层：

桌面四周筑有高高的围墙，任何一个盒子一旦被放进去，就再也不会跑出来。

各种混乱的感知最终会转变成确定和令人舒适的真理。

一个很有价值的信仰系统，但对我们不再适用。

怎样用英语告诉一个法国人应该讲英语。

以下是关于感知逻辑的地层：

一块土地，降落到土地上的雨水能够自我组织成河流。

可以显示膨胀和坍塌地形的橡胶模型。

足以指导我们自由行动，但不足以设定框架。

既有的粗糙而累赘的概念已经定形。

新词汇和新概念都是新思维的工具。

如果以上的字句看起来像是一首糟糕的诗，那是因为它们本来就不应该被当作诗。其实，地层是交流感知的一种形式，从事广告的人已经朝着这一方向进行了多年的努力。

情　境 ►►►

你正在多伦多的温莎饭店享用晚餐，晚餐即将结束的时候，你面前的桌子上摆着一块十分美味的巧克力奶油蛋糕（也许是你的同桌点的）。让我们来看看你对此可能产生的各种反应。

“我真的很喜欢巧克力奶油蛋糕，我会好好享用它。”也许你现在很饿，即使你不饿，你也仍然会欢欢喜喜地吃这块蛋糕。

“我一点也吃不下了。”你已经吃得太多，没有胃口来吃蛋糕了。

“我很想吃，但是我现在正在节食，所以我必须抵挡住这个诱惑。”你很想吃，但是有一条更高的原则在指导你。

“我很想吃，但是巧克力吃下去以后会使我头痛，就像有些人一样，我对巧克力过敏。”一些相关的知识影响了你对奶油蛋糕的反应。

“我患有黄疸，所以一看见奶油就觉得难受。”身体的化学变化改变了你对奶油蛋糕的反应。

在以上所有情况中，巧克力奶油蛋糕都是一样的，但反应却是千差万别的。因此，我们似乎得出了关键的一点：如果大脑真是一个模式形成系统，如果我们被锁定在模式里面，那么巧克力奶油蛋糕必然会引发同一个模式，而我们每次对它的反应都应该是相同的。这种说法常常被用来质疑大脑“模式形成”的概念。

其实，关键的因素在于“情境”，不同的情境会引发不同的模式。但是，从大脑神经循环的角度来说，“情境”又意味着什么呢？这里，我们把“情境”与前面描述过的“准备”或“敏感度”联系起来。

以经常导致人们没有胃口的黄疸为例，由于化学变化影响了食欲，从而使大脑不会发生敏感现象，所以，奶油就不再有吸引力，如果我们吃得过饱，也会发生同样的情况。但是，如果我们很饿，食欲就会激发大脑其他的区域，于是“喜欢吃蛋糕”的模式就变得活跃起来。这个情况还可以进一步发展，如果我们不是很饿（但没有患黄疸，也没有吃得过饱），看见奶油蛋糕也会刺激食欲，从而使蛋糕看起来很诱人。在这里，我们看见感知是如何改变“情感”（从广义的化学变化而言），而情感又如何影响感知的。

因此，情境的变化可以来自于大脑中的化学变化，这就是为什么人们有时候喜欢性而有时候又不喜欢性的原因，也是为什么感知有时候能够改变感觉的原因。

同时输入大脑的其他东西也可以改变大脑中不同模式的“准备”状态，这些输入包括关于节食的自我提示，以及关于头痛过敏的知识。

有一个以自我提示来改变感知的简单实验，每个人都可以在运动会上做这个实验。首先，你环顾观众席，接着提示自己找出那些穿红色衣服的观众，然后再重新环顾观众席，突然，你注意到了所有穿红色衣服的人。接着，再如法炮制试一试寻找穿黄色衣服的观众。正是你的自我提示使你的大脑准备好去发现穿红色或黄色衣服的观众，在介绍指引注意力的过程时，我还会回过头来讨论这一点。

在此，我们看到非常有趣而重要的一点，就是关于自由意志的问题。实际上，我们是否真的拥有自由意志或者只是幻想拥有它，这无关紧要。我曾经将一个人催眠后提示他，要他在晚宴当中一听到某个引发性的词，就突然打开伞。这个人按照我的提示做了，而且还立刻把这一行为合理化地说成是为了某个特别的人专门做的。最近的实验表明，大脑其实在人们有意识地做出行动决策之前就已经开始执行行动了。看起来，“自由意志”只不过是描述已经发生的事而已。

从某种角度来说，这一点具有非常基本和重要的哲学意义，因为我们的大部分文明都植根于“自由意志”这个概念，宗教、奖励、惩罚、法律都是建立在这个基础上。

想象一下，眼前的情况刺激了“我”这一模式（和其他模式一样）。于是，这个包含着我们过去的经验、法律知识、宗教信仰等因素的模式，就会引发出某种情感，而这种情感又会改变我们所看到的事物，并使我们做出看起来与一般意向相反的决定。因此，实际上正是“我”这个因素在做决定，这就是我们所说的“自由意志”。由此可知，模式形成系统并不排斥自由意志，但是，不承认模式形成系统的行为而讨论自由意志又是没有意义的。简言之，“我”是一个情境因素。

任何模式不论是准备被激活，还是变得稳定，都取决于情境中的一系列因素，这些因素有：

1. 同时输入大脑或者被引发出来的其他因素，这些因素包括自我提示，以及其他外在的事件（比如，说明蛋糕内含奶油）。

2. 即时的历史，包括刚刚发生的事件，这些事件会通过各个区域“疲惫”状态的循环和恢复来影响准备状态。

3. 一般性的背景或者整体情况，即使没有被意识到，这些因素也会影响情境。

4. 情感，情感既可能通过化学作用产生影响，也可能直接与神经细胞相联系。

5. 化学背景，这既包括大脑内的化学变化，也包括整个身体内部的化学变化。

6. 不同模式之间的“联系”，这些联系建基于历史联系，它们决定了模式准备“朝着下一个”模式发生变化。

7. 遥远的历史或者储存的知识，它们决定着模式之间会建立什么样的联系。

因此，我们可以看到，有很多因素可以决定情境，通过这种方式，模式形成系统可以产生多种多样的反应，它更像是可以改变线路飞行的客机，而不是必须沿着固定线路行驶的火车，因为客机的飞行线路取决于空间状况、天气条件、机场条件，等等。在过去，模式形成系统被认为十分有限和缺乏弹性，以至于无法描述人类丰富的经验，这是因为不具备有关大脑系统知识的哲学家们只能在“模式”这个概念的基础上理解模式形成系统。现在，如果哲学家们还坚持对模式的这种狭隘理解，我们就必须设计出新的词汇来重新定义这些自我组织的模式形成系统。于是，我们又一次看到了语言和桌面逻辑的有限性。

有一个故事是这样的（正如很多故事一样，这个故事很好，但不一定是真实的），在计算机翻译语言的早期阶段，有一台计算机被要求翻译一句俄语：“心有余而力不足。”（The spirit is willing but the meat is weak.）计算机毫不迟疑地打印出这样的翻译结果：“伏特加酒令人惬意，但是肉不怎么样。”计算机翻译语言的常见问题就在于不能辨别出细微的情境差异。事实上，语句和词汇在特定的情境下都有特定的含义，并能使大脑的相应区域产生反应，从而引发相应的模式。由于敏感现象的存在（这是神经行为的一个组成部分），大脑能够轻而易举地自动辨别出不同的情境。

再一次，我想强调：我在本书前面描述过的现象（比如情境）并不是大脑刻意去执行的，而是直接地、不可避免地来自于神经系统的自然行为。

很多实用的东西都可以经由对情境的很好理解而产生，一些艺术家和讲故事的人都潜在地运用了情境。然而，我想提出一个极其简单的思考技巧，这个技巧直接建立在情境的基础上。

“六顶思考帽”现在已得到很多大公司的有效运用，其中包括日本股票市值最大的公司——日本电话电报公司 NTT（拥有 350 000 名员工）。

我们人为设立六种思考情境，并分别用不同颜色的帽子来代表这些情境。白色思考帽旨在关注客观中立的信息和数据。红色思考帽使人们得以表达对任何事物的感觉和直觉，而无需给出任何理由。黑色思考帽旨在做出负面的逻辑判断，它帮助我们评估和指出为什么某件事物不可行。黄色思考帽旨在做出正面的逻辑判断，即找出事物的优点和好处。创造性思考则由绿色思考帽来代表，它要求我们提出新的主意和进一步的解决方案。最后，蓝色思考帽用来控制思考过程，它关注的不是事物本身，而是对事物的思考。

六顶思考帽在会议上的作用就像我前面提到过的自我提示（寻找穿红色或黄色衣服的观众）的作用一样，它们提供了一种人为的情感指引，是帮助我们设立思考情境的工具。

据说，当我们的思考处于积极状态或消极状态时，大脑的化学反应有着微妙的不同。如果这是真的，那么类似于六顶思考帽这样的系统就很有必要，因为如果我们试图在同一时间进行所有类型的思考的话，就绝不可能使大脑在每一种类型的思考中达到最理想的化学状态。如果真的存在这种化学反应的变化，那么六顶思考帽就可以作为媒介来设定正确的化学反应。

最重要的是，六顶思考帽这个简单的系统在实践中被证明非常有效，而且迅速得到了众多公司的广泛使用，这些公司早已厌倦了无休止的没有建设性的争论。

从“情境”的角度来考虑，我们发现了非常重要的一点，那就是传统的桌面逻辑总是做出绝对的判断，而没有提供考虑不同情境的空间。在传统桌面逻辑看来，一个事物就是一个事物，一个罪犯就是一个罪犯，小偷在被判刑的时候，人们基本不会考虑这个小偷究竟是出于绝望、为了养家而偷窃，还是出于一种偷窃的快感，或者是把偷窃作为便利的谋生手段。当然，在现实生活中，我们确实在量刑和判决时存在一些弹性，但这与我们所讲的系统仍然是不同的。未能考虑不同的具体情境，这是传统桌面逻辑的一大缺陷，作为补救，我在后面会提出一种新的逻辑，即“水的逻辑”。它用“流向”的说法取代了传统逻辑中绝对的“是”的判断。在水的逻辑中，我们这样表达：在 C 情境下，A 流向 B。

循　环

有一个故事是这样的，在休斯敦的繁荣时代，官员们的办公室都从高高的顶楼搬到了底楼，因为当时的消防局长总是坚持举行大量的消防演练，而每次演练中，所有官员都必须逃出大楼，并且不准使用电梯。

我的一个朋友是天才的记者，她去参加纽约的社交会时，宁愿爬 20 层楼梯也不愿意乘电梯，因为她有电梯恐惧症。她并不是害怕电梯出问题而突然掉到地面上，而是害怕电梯出了问题后把她困在狭小的空间里，无论何时她看到电梯，她都觉得电梯即将把人困住。电梯出问题而把人困在里面的可能性，也许比人被牛排噎住的可能性还要小，但是人的感知却不会去计算这一数据。恐惧会造成循环，因为你越是避免你害怕的事情发生，你就越不可能得到经验来证明你的恐惧是毫无根据的。比如，如果你从不和你讨厌的人说话，你就永远不会发现那个人其实心地善良。

一个农夫对另一个农夫说："你看到天空中飞机飞过的痕迹了吗？它们正在努力做人工降雨呢。我可以证明这一点，你从来没有在阴天看到飞机在空中飞行，对不对？"这又是一个绝妙的循环论证，在此，感知仍然是一个关键的因素。

假设我们认为一个人的性格最终取决于他对母亲的热爱。如果一个人在人生的后半段仍然爱他的母亲，那么这就证明了我们的观点，如果他恨自己的母亲，我们则可以解释说这种恨是一种变相的爱，如果他对自己的母亲很冷漠，我们则可以解释说这是一种被压抑了的爱。通过这种假设、信仰系统或者看待世界的方式，我们会发现每一件事情都使我们更加确信自己的信仰。如果你认为这个假设类似于弗洛伊德的假设，那是由于我前面提到过多次的"和……一样"的现象在起作用。

任何科学假设都为感知设立了一个框架，从而使我们寻找数据来加强原本的假设。在所有这些例子中，我们看到一种广义上的循环在起作用，其基本的原理是：感知使我们看待世界的方式增强我们已有的感知。感知是一种"准备认识到"的状态，它通过敏感度和情境机制来产生影响，从而使某件事物在我们看来更像是某件事物而不是其他事物，这种情况就像我们要在运动会的观众席上发现穿红色或黄色衣服的人一样。在讨论注意力的指引时，我们会回过头来谈这一点。

一个在银行里工作的女主管总是不能如愿以偿地得到提升，她认为其中的原因在于性别歧视。由于她有这种想法，所以她觉得真实情况就是如此，但真正的原因也许是她的业务还不够熟练。当然，这两个原因都有可能是真的，然而对于一个女权主义者来说，任何一种情况都会被她视为性别歧视，由此，她的观念也就得到与日俱增的加强。

在英国，有一个印度人得了一种罕见的皮肤病，这种病使他全身皮肤的色素都丧失了，于是，他彻底变成了一个“白人”，这使他在有生之年能够体会到棕色人种和白色人种的感受，从而看破种族歧视的问题。他认为，在他所居住的区域，由于人们常常怀着种族歧视的想法，以至于一个店员很普通的粗鲁态度也会被解释成种族歧视。

语言和感知是循环的基本形式，经验是通过语言提供给我们，语言则以特别的方式使我们回想起过去的经验。然而，一旦拥有了语言，我们就只能通过语言所描述和包裹的方式来看待世界，这就是我曾经提到过的一种危险——粗糙的语言概念所导致的危险，我后面会回过头来加以讨论。

循环是任何一个自我组织系统的基本功能，我们在前面简单地描述过这种循环是如何通过模式的不断重复而得以实现的。也许，我们所持有的“想法”往往来自于这种循环，或者它只是大脑中一个活动区域流向下一个活动区域时一种短暂的稳定而已（这是因为下一个区域还“没准备好”，所以大脑活动会在现在的区域停留较久）。

概念也可能直接建立在循环的基础上，这些循环也许包含了我们描述概念时反复使用的语言词汇。从这个意义来说，概念是名副其实的“微型信仰”。

接着，我们将进一步介绍总体循环。在总体循环中，经验会激发我们的某种感知，从而控制我们眼前所见的一切。例如，当我们看到巧克力奶油甜点时，其实并不很饿，但是看起来诱人的巧克力奶油甜点会使我们感觉到饿，从而使我们想要吃它。

这一循环非常重要，因为它可以被视为恐惧症、妄想症和一般意义上的信仰体系的基础。妄想症是一种很奇妙的与众不同的精神病，大部分精神病患者都会精神恍惚、语无伦次，但妄想症患者却与之相反，他们对事物的理解超过了正常尺度。他们把自己视为受害者，并以此为中心看待整个世界，对于他们来说，任何一件事物都可以通过完美的逻辑被纳入到迫害他们的企图之中。一旦形成了这种定见或信仰体系，任何一种经验都会通过已有的定见或信仰加以解释，从而使已有的定见或信仰进一步加强。对于一个妄想症患者来说，如果有拨错了号码的电话打进来，就一定是有人通过这个电话查找他的下落；如果一辆车停在街对面一整天了，车里肯定就坐着监视他的人；最后，汽车的车牌号码都蕴含着特殊的意义，而报纸上的新闻标题也在传递着威胁的信号。

很明显，循环的信仰体系很容易在大脑中形成，因此信仰只不过是一种廉价的日用品，人们倾向于相信几乎所有的事情。信仰是一种感知性真相，但它本身有可能远离事实。我并不是说不存在真实的信仰体系，所有具有坚定信仰的读者应该知道，我这里所谈论的只适用于错误的信仰。信仰是自我实现的系统，而我们在语言方面获得的优异进展，使我们能够将那些远离日常经验的抽象概念进行组合，从而形成复杂的循环。

数百年来，人们最津津乐道的哲学争论就是关于事物的主客观性的争论，一方认为事物是客观存在的，我们只能按照它们本身的样子去观察它们；另一方认为事物是主观存在的，我们主观上怎么观察它们，它们就是什么样子。我知道，一方是唯名论者，另一方是唯心论者，但我不确定哪一方是对的。就像大多数哲学争论一样，争论双方有可能都是正确的。经验形成了感知，而感知（通过名称或语言）促使我们从某个特别的角度看待事物，比如，当你仰望夜空的时候，你是看到了一些发光的亮点还是数颗“星星”？

我们有各种各样的辅助手段来加强信仰体系。例如，如果你创造了一群坏人、敌人或者不可信任的人，那么你就一定变成了“好人”。宗教仪式是一种有效的加强，每举行一次仪式，信仰就得到了增强，实际上，最强烈的信仰通常具有大量的仪式。此外，仪式还有利于防止不忠，因为不接受信仰的人就得刻意不举行仪式，并因此产生某种罪恶感。例如，国旗和国徽就是增强信仰的一种工具，其相关仪式也有利于将人们分类成爱国者和不爱国者。实际上，任何一种分类本身就是一种信仰体系，当我们区分“我们”和“他们”时，我们就加强了这种体系，而有了这种分类，我们就会寻求越来越精细的刀刃区分。

稍后我还会谈到，信仰体系在创建评估结构和评估目的时发挥了巨大的作用，但同时，僵化的信仰体系也造成了很多纷争。在这一节里我想要展示的，就是“循环”是自我组织模式形成系统中非常自然而容易出现的现象，而我们所谓的“真相”

通常依赖于这种循环。

创建意义 ▶▶▶

也许创建意义最简单的例子就是因果关系。如果某件事情总是紧随在另一件事情后面发生，我们就会说第一件事情是“因”，第二件事情是“果”。这种联想十分自然，哲学家康德就曾经假设过，人类的大脑只有有限的几种方式来组合事物，他的假设很可能是对的。“因果关系”提供了一种时间序列，而这种时间序列可以被大脑挑拣出来并反复进行，一段时间以后，这种对时间序列的感知就会演变成一个根深蒂固的概念，以至于无论发生什么事情，我们都倾向于去寻找其中的原因。

当我还是一个执业医生的时候，我发现很多癌症病人都会绞尽脑汁地寻找他们之所以患癌症的原因，这些原因可能是某段时期的抑郁或焦虑。当然，如我们现在所知，精神状态的好坏会影响到免疫系统的功能，但在这里我想指出的是，病人们都倾向于“寻找原因”。

因果关系是一种跨越时间的分类编组（grouping）。当我们在某一特定时刻进行分类编组时，我们就获得了可辨认的事物、情境、经验和概念，重复进行分类编组，会使我们将反复获得的经验与只发生过一次的经验区分开来。如果与此同时，我们正在学习一种语言，那么用这种语言来描述的经验就会赢得我们的认同。如果我们吞服了一种迷幻药，比如 LSD，我们可能经由神经网路的扰乱而打破原有的事物组合，使得事物在我们的眼里变得不再熟悉，而是呈现出事物本身的形状、线条、色彩等固有的“本质”。这可能是一种有趣的体验，而这是不是一种深化真理认知的方法，则完全取决于我们的信仰。比如，一架音调准确的钢琴，和一架走音的钢琴，哪一个更真实？类似的，一架弹奏时髦乐曲的钢琴，和一架老调重弹的钢琴，哪一个更好？

想象在你面前的桌子上摆满了许多塑料积木，请你将这些积木用最好的方式拼出一张人脸或一座小桥。你很容易就能完成这项任务。但是，如果不给你任何特定的要求，只是请你把积木拼成一幅图案，你就会漫无目的地随意拼凑，一旦你想到某个图案之后，你就会试着去完成它。如果你对拼出来的图案不满意，或者你想自由发挥想象力，你就会一试再试。有一种可行的方法是，将这些积木随意散落在桌面，看看它们摆成了什么样子，然后再将之合理化形成一幅图案（比如一只脚或一个人头，等等）。但大部分的情况是，你会先移动积木，直到头脑中出现某个图案之后，你再继续完成这个图案。

现在，我们不必把这些积木想象成实物，它们可以是一组抽象的概念，而你要运用这些概念拼出某个图案。于是，你用各种不同的方法拼出不同的图案。如果出现了明显的空白，你可以用新建立起来的概念来填补空白。这种游戏或多或少与哲学家们自古以来建构世界图景的方式类似，而我们每个人每天也正是以较浅显的方式在做这样的事。

在欧洲史上，泰利兰德（法国）和米特利奇（澳大利亚）两个人曾经备受瞩目，因为他们两个人在外交游戏和权力角逐中是旗鼓相当、狡诈无比的竞争对手。当泰利兰德去世后，消息传到了米特利奇王子那里，米特利奇喃喃自语道：“他这么做究竟是什么意思呢?”这件事情正表明了:每件事都有其意义,只要我们认为它有的话。

去算命的人常常发现,算命人的预言经常能被他们整合到自己的生活当中,从而使得那些预言看起来十分真实可信。内中原因其实在于人们对某些事情予以了关注,对某些事情予以了忽略,对某些本来会被忽视的事情赋予了特别的意义,以及对预言进行了自我实现(比如,如果算命人预言你将会遇到一个肤色黝黑的陌生的贵人,你就会对你以后所遇到的每一个肤色黝黑的陌生人另眼相看,直到真的发生了什么重要的事情为止)。这并不是说算命人都是吹牛大王,而是说人类的大脑确实具有奇妙的创建意义的能力。

自我组织的模式形成系统自然而然地倾向于达到某种稳定状态,正是由于这一点,大脑才具备了创建意义的能力。

注　意 ▶▶▶

艺术是一种有关注意力的舞台表演。

你站在一幢精美的建筑物面前。首先,你发现这幢建筑物从整体来看非常美丽,接着,你的注意力逐渐转向建筑物的柱子、窗台的装饰、门楣,然后观察整个建筑物的某一部分,接着再仔细品味其中某个旋涡状的花纹。这就是注意力之舞。

注意力也许是感知行为中最吸引人的一面。当你站在建筑物面前时,你觉得自己可以随心所欲地关注建筑物的任何一部分。你可以仔细观察前门,可以慢慢品味拱廊的左上角,还可以选择关注整体的某一部分。正是在这种随心所欲的选择中,

"我"和自由意志得到了强化。

因此，我们有转移注意力和指引注意力的情况发生。我想先讨论一下指引注意力。走进一间房间，两眼直视前方，不断对自己说："椅子、椅子、椅子。"除非你有意识地抗拒这一提示，你会发现自己的视线很快被牵引到房间里的椅子上去（如果房间里有椅子的话），即使你当时并没有在看它。这和我们前面讲过的在体育馆里提示自己寻找穿红色衣服的人的例子一样。你的自我提示促使你大脑的某些区域变得敏感，于是相应的模式就被激活起来，由此我们便注意到所提示的事情了。

指引注意力的提示甚至还可以更加简单。一个刚从遥远新大陆归来的探险者报告说他看到了一座火山和一种很奇怪的不会飞的鸟，但那片新大陆上还有什么呢？赞助委员会可不希望自己的投资只得到了这么点信息作为回报，于是他们要求探险者重新回到新大陆，并对他提出了一些简单的指引注意力的指示：往北看，注意你发现了什么，然后往东看，往南看，往西看。根据这些简单的指引注意力的指示，探险者再次归来时就提出了一份更加专业的报告。

这正是我们进行学校 CoRT 思维训练课程时所教授的方法，在 CoRT 中用于拓展感知的部分，我们有一整套指引注意力的简单工具。例如，PMI 工具旨在帮助思考者考察事物的优点、缺点和有趣点，从而使思考者正确地评估一个建议，而不是一产生情绪性的反应后，就一味用思考来捍卫自己的成见或偏见；C&S（结果和结局）工具帮助思考者关注行为的结果和结局；OPV 工具则促使思考者关注相关人士及其看法观点。通过做大量的练习题，就可以培养出使用这些工具的技巧，而这些技巧完全可以转换运用到现实生活当中。

一个人站在一幅画面前可以说："我喜欢它"或"我不喜欢它"。但在学过艺术鉴赏之类的课程之后，同样一个人站在绘画面前，就有了一套指引注意力的工具：观察绘画的构图、选色、光影的利用、笔触、画中人物衣服的表现方式、背景，等等。经过一段时间的积累，这种更为丰富的注意力指引就会变成欣赏者自发自觉的能力。此外，欣赏者还会从中发现更多的东西，比如，这是属于哪一时期的画作，这是哪个画家或者哪种画风哪一时期的作品（如毕加索后期、渥华尔前期等）。

除非我们已经准备好要去了解事物，否则我们无法了解事物，这就是为什么科学进步来自点滴积累，只有等到范式转换时我们才得以用不同方式来看待世界的原因（我稍后会再谈到这一点），也是为什么数据分析从来不能为我们提供隐含在数据中的观念想法的原因。实际上，分析是一个相当有限的工具，远远不是我们所想象的那样完整（这一点我也会稍后进一步讨论）。詹姆斯·格雷克探讨宇宙大混沌的著作即向我们证明了：在这一领域拓荒的先驱如何能够带着新的感知和眼光来回顾旧的数据，从而得出新的重大发现。

现在我们回过头来想一想神经网络的敏感度，及其准备被激活的状态。我们把经由特别的自我提示而进行的注意力指引和注意力转移做一对比。例如，饥饿导致我们的大脑产生了某种敏感，立刻，我们的注意力就被吸引到食物上去。也就是说，当我们运用被敏感化的大脑来挑选出某些特定模式时，我们就会立刻注意到这些模式。如果我们的大脑对哪怕最轻微的侮辱或歧视存在敏感，我们就会立刻注意到这些侮辱和歧视（即使不是有意的)。有的时候，我们运用“注意”这个词来表达我们的注意力转移或流向了某个特定区域，或者我们挑选出了某些事物。

在现实生活中，注意力指引和注意力转移并没有多少区别。一些指示或提示使我们大脑的某个区域变得敏感，注意力就会转移到那个区域。在体育馆寻找穿红色衣服观众的例子，就表明某个提示使我们的大脑对红色变得敏感，从而我们的注意力转移到穿红色衣服的人身上。

所有这些机制的背后存在着一个我尚未提到过的关键特性，即注意力的“单一性”。这一特性来自于自我组织的模式形成系统（至少是我所描述过的那种系统）只具备单一稳定区域的特质。如果在同一时点上，有两个区域互相竞争，那么较大的区域就会逐渐扩张，较小的区域则会逐渐消失，哪怕两个区域只有非常细微的差别。这种情形直接起因于神经系统的网络模式，但它并不具有强制性。虽然在同一时间内，注意力只能流向一个区域，但这并不排除功能不同的大脑区域能够同时平行运作的可能。

相关性和意义

机场的洗手间标识是有意义的，但如果你并不需要上洗手间，那么这个标识就与你不相关。如果你急着上洗手间，那么这个表示既与你相关，又对你有意义。如果你身处日本或者希腊，而不认识当地文字，那么这个标识虽与你相关，但对你来说没有意义，因此，你也就无法了解它与你的相关性。

如果你搜集甲壳虫、拜占庭圣像或者古书籍，那么你碰到的任何一件在你搜集领域中的样品都具有莫大的相关性。这个样品可能是你从未拥有过的，也可能是你有过的，但你想把这个新样品与你已经有过的样品做个对比。

如果你到一个国家去旅行，常常会听到当地人谈论体育项目，比如在美国，人们谈论棒球，在英国，人们谈论板球。一些运动术语对你来说毫无意义，例如板球中的 offspin bowling 或者 silly mid-on，棒球中的 loaded base，等等。在你的大脑中，并不存在可以辨识这些术语的模式。有的人会向你解释这些术语，但你可能很快就忘记了。但是一般而言，大部分有关体育运动的谈话即使没有相关性，也都有其意义。一个英国人可能不关心圣·路易斯主教队在世界杯中的表现，而一个美国人也可能不在乎高尔是否会统领英国队在第一场比赛中冲锋陷阵。

要使事物有意义，就必须存在相应的模式。要使事物有相关性，模式就必须具备一定的重要性。但是，重要性指的是什么呢？只要存在需求（比如尿急、饥饿、性冲动等），重要性就是显而易见的。所有这些需求都会形成化学性或神经性的输入，而这些输入会使神经网络中的某个区域变得敏感。但是，如果这些需求是知识性的，比如搜集圣像或甲壳虫，情况又会变得怎样呢？我们可以简单地说这些事情是更感性的东西，从而回避这个问题，但可能存在更加“有趣”的答案。

趣味性正存在于“有趣”这个词汇当中。是什么促使事物变得有趣？如果你正在制作电影、设计电视节目，或者出版书籍，这个问题的答案对你尤其有价值，因为你想知道你的观众或读者觉得什么有趣。

我相信我们可以发现趣味的真正机制。是什么使某件事物变得有趣，而使另一件事物比较乏味？为什么“竞赛节目”看起来就那么有趣（这是最适合策划人的节目，因为这种节目同时还很省钱）？为什么台球节目在英国 BBC-2 频道大受欢迎，即使很少有英国观众懂得这种游戏，甚至更少有人打过台球？

人们之所以感到有趣，是因为存在一系列丰富的感知模式。如果围绕着某件事物，人们存在各式各样丰富的模式网络，这件事物就会变得非常有趣。通过这种方法，任何事物都可以变得有趣。真正的问题在于如何建立丰富的模式网络，因为如果我们从一开始就不存在兴趣的话，我们就永远不会对它感兴趣。这也是教育的目标之一：建立起一些重要的兴趣，比如对文学的兴趣，以便这些兴趣在将来可以自我维持。比如，你的父亲对摄影或者养蜂非常感兴趣，那么在你的家庭教育中就逐渐建立起了相应的背景模式。但这里存在一个投入的临界点，在到达临界点之前，你只是在努力做这些事情（虽然并不总是这样），但过了临界点之后，你所有的投入都在“兴趣”中获得了报偿。

你也可以从相反的方式来理解这件事情。假如你碰巧喜欢某个明星，你在这方面的兴趣就会引领你去收集有关那位明星生活的点滴，你收集得越多，你的兴趣越可能自我维持下去。这两种顺序的机制都可以发挥作用，其结果都是一样的，即丰富多样的模式得以建立，从而最初被激活的模式不会因为“那又怎样？”这种神经性活动而削弱消亡。

另一种趣味似乎有着不同的机制，即你想知道接着会发生什么。在台球比赛中，你首先看到漂亮的绿色桌面上散落着五颜六色的圆球，然后注意到参赛者强烈的意图（这被评论家说成是一种性格）。参赛者想做的很明显就是：将正确的球击进袋子里去，而且很显然，你只需等几秒钟就可以看到他们是否做到了这一点。于是，你等待了几秒钟，接着又等了几秒钟，然后又等了几秒钟，就这样等了下去。所有球赛节目的机制都类似，都包含着比赛奖金的激励，而且人们对经过精心挑选的生龙活虎的参赛者有着极高的兴趣。在美国，并不是随便什么人都能上电视参加比赛的，因此人们对这些参赛者怀着较高的预期，想看看他们是否能够大展身手、如愿以偿？于是，人们等了几秒钟，然后又等了几秒钟。如果预期非常明确，而且花费的时间又短，观众就会想消除“她是会还是不会……”的不确定性。

当悬而未决的问题需要等上很长一段时间才能揭晓时，比如像电视连续剧那样，电视观众就不会如此简单地坐等下去。因此，电视连续剧必须制造不断迭起的高潮（最廉价的方式就是暴力），或者使剧中人物具有吸引人的魅力，这就回到了我们前面所讲的“投入型”兴趣，这种兴趣很难建立。不过，有时也可能培养出这种兴趣，只不过费时长久，就像早期的连续剧《朱门恩怨》或《朝代》那样。

我认为，很快我们就会以某种明确的方式探寻到兴趣的神经性机制。在这里，我只触及了两种类型的兴趣：有丰富的模式网络来支持的兴趣，以及因预期而产生的兴趣。

零度坚持 ►►►

“零”的发明给数学带来了空前的奇妙变化。在此之前，不论是在古希腊还是古罗马的数学理论中，乘法和除法的运算都非常复杂，而零的出现则是个绝妙的概念。但它也令人十分头痛，因为零不具备任何数值。

在人类的思考中，我们亟须一个相当于“零”的东西，但目前为止我们还未拥有。我们无法感知我们还不能感知的东西，这是显而易见的。如果有些事情我们现在无法了解，那么将来也无法了解。在实践中，我们往往发现自己很难相信这一点，更难做到这一点。

有人告诉你，某件事只存在两种选择。当我们处理的是封闭系统或者建构系统时，这个说法是正确的，但通常这种说法只意味着：“我只能想出两种选择，因此不可能有其他的选择了。”

假设我们用 po 这个词表示零度坚持的情况，我们可以说有三种选择，即已经存在的两种选择和 po。单词 po 涵盖所有尚未感知到的选择，po 代表我们对尚未感知到的选择的丰富性的感应程度。

在实践中，我们会发现这种做法十分恼人和不可行。假如辩护律师对法官说：“请不要只考虑我对这些证据提供的解释，请同时考虑到 po 的情况。您真能在这些情况下作出判决吗？”这显然是行不通的。因此，我们仍然倾向于惯用的推断和定论。

当我们看待任何一种情况时，注意力与模式的宽广流域会使我们很快滑入某个已建立的模式之中，于是，我们丧失了纯真和新鲜，从而无法以崭新的方式组合事物，无法注意到我们以前没有注意到的事物。

为了逃离这种模式的束缚，我们可以借助于冥想、打坐或者迷幻药（不同于使人镇定或兴奋的迷幻药）。通常，如我前面提及的，我们这样做是为了寻找事物的“本质”或者我们以为的进一步真相，因为许多信仰系统都把真理掩藏于表象之下(为什么如此？也许只有表象才是真实的)。

在这里，我并不打算讨论进一步的真相，而想谈谈中立性，这正是我为什么称之为零度坚持的原因。我们接收了许多信息或感知，但我们拒绝改变惯用的模式。

自我组织的模式形成系统在本质上不容许活动出现停滞和空白。我们无法命令模式及时冻结而停止作用，但我们可以中断它们，使其无法创造出通常的含义，而这正是服用药物产生的常见效果。我们可以训练大脑对某一事物产生越来越深的关注，从而使注意力不再滑入某个固定的“含义”。这也是各式各样东方训练的常用方法，四吠陀经典内的咒文和颂歌就是用这种方法来指引注意力，从而避免注意力滑向常规的模式之中。

我的想法则更加简单、实用和易学：用 po 这个词来表示某件事物处于常规模式及模式流域之外，从而不应马上对它做出判断。有人告诉你，你的会计师骗了你，你的回答是“po”。这意味着：“我听见了你所说的，但我并不会马上转入情绪性或反应性的模式之中。”实际上，这就意味着在判断之前先做一个停顿。

汉格佛德指导中心的大卫·雷恩开始为那些因为有暴力倾向而无法在一般学校受教育的孩子传授CoRT思维课程。他告诉我，传授课程之后，孩子们的暴力倾向戏剧性地下降了，孩子们以前都太过冲动，因而很容易落入打斗的老套（因为打斗是他们最快可用的模式）。现在接受了一些思维结构的训练之后，一个“停顿”的元素得以引入，由此，孩子们开发出了更丰富的感知，从而在遇到事情时，出现了与以往不同的行为模式。

现在我们再回过头来讨论前面介绍的相关性与意义。有的事物，比如一场你丝毫不感兴趣的有关体育比赛的对话，对你来说虽然具有相关性，但没有意义。用于表示零度坚持的单词po就可以用来接受意义，但把相关性加以锁定，就像你听见了某件事物并了解它，但它与你并不直接相关一样。因此，在前面关于会计师的例子中，你的反应就好像只是读到了报纸上的一则抢劫案一样。

我们需要po作为零度坚持来防止自己过快地转换到最显而易见的常规模式，让注意力在固定下来之前吸收更多的信息，让我们在耳熟能详的领域中重新创造出新鲜的感知和纯真的想法，从而发现能够打动人心的点子和创意。

作为一个信号，po比英语中的“maybe”或者日语中的“mu”更加强烈。po并不表示“不知道”，而是表示“还不想知道”。

在前述对于自我组织模式形成系统的考虑因素与行为探讨中，我一直把重点放在这类系统的中立行为上，我一直试着展现出这类系统如何引导我们的感知和思考，并以某种特定的方式表现行为。其中大部分的行为都是极有助益的，没有这些行为，我们的生活将变得举步维艰。但在生存已不再是唯一课题的时代，具有高度生存价值的系统行为有时反而有负面的影响。在这节关于 po 和零度坚持的探讨中，我指出了模式形成系统在中立性方面存在的自然不足，并提出了实用的方法来帮助我们克服这种不足。

对于那些喜欢说“这和……一样”（将任何新事物看成已经存在的旧事物）的人，我们可以用 po 来表示：“在你匆忙定论之前，先听听我的说法。”

I AM

RIGHT

第四部分

| 我们传统的思考习惯 |

YOU ARE

WRONG

我们的思维习惯究竟具有什么样的价值？具有多少局限性和危险性？这些习惯是不可避免的，还是文化取向的特殊结果？它们是作为一种精神原则被强加给我们的，还是自然而然地产生于与语言发展密切相关的大脑行为？

在前面的内容中，我力图展示出自我组织模式形成系统有哪些自然、正常和不可避免的行为，以及它们如何影响我们的感知（包括注意力等方面）性思考。正如我一再强调的，前述所有行为都直接源自系统的本质，而非人为设计出来的，自我组织的模式形成系统不可能以其他的方式来行为。

我并不是说所有的自我组织神经模式都以同样的方式行为，但我提出的原理非常宽泛，适用于大部分模式，而不仅仅是某个特定的模式。

显然，自我组织的系统行为与大脑的日常行为（幽默、注意、洞见、辨认等）密切相关。

我一直寻求展现，自我组织的系统行为会产生一定的感知效应，但我没有从另一头，亦即传统的思维方式着手，也没有一开始就分析和解释诸如幽默和洞见之类的行为，而是从模式的真实行为出发，去发现类似于幽默、洞见、注意等的行为。这正是建立科学模型的目的所在。我们建立了一些模型加以研究，然后看看从中发现的行为具有什么样的相关性。

对于自我组织模式形成系统的行为，我着重考察了非对称性、流域以及“准备”状态，然后研究这些行为如何衍生出某些特定的精神行为（尤其是感知领域中的行为）。在大部分情况下，我把这些精神行为与我们日常感知经验联系起来，并对感知的一些行为习惯，以及这些行为习惯如何限制了我们的思考做出了讨论。

在接下来的内容中，我想从另一头开始，即从我们的传统思考习惯和思考文化出发，看看它们与我们所了解的自我组织模式形成系统的行为有什么不同。我们的思维习惯究竟具有什么样的价值？具有多少局限性和危险性？这些习惯是不可避免的，还是文化取向的特殊结果？它们是作为一种精神原则被强加给我们的，还是自然而然地产生于与语言发展密切相关的大脑行为？

古希腊的哲学家在很大程度上决定了西方的文化，他们是否立下了万世流芳的汗马功劳？他们是否在传统时代居功甚伟，但我们的发展已经超越了传统的体系，因而应该意识到传统体系的局限？古希腊哲学家，比如亚里士多德，是否已经观察到大脑的自然行为，并发展出一套思考工具和习惯来磨炼它（正如我试图做的那样）呢？或者古希腊哲学家们认为他们已经建立了一套足以经营社会和获取进步的信仰体系了呢？为什么我们的思考在处理技术事务上取得了巨大的成功，但在处理人类事务上却捉襟见肘呢？

其实在本书的前半部分，我已经透露了接下来要讨论的内容，现在我无非是把所有的线索集中到一起，使我们更清晰地看到传统思考文化的不足和缺陷。

我不想指出一些逻辑的错误（这些逻辑错误我稍后都会一一批驳），也不想宣称所有的传统思考都是我所描述的那样，只要“大部分”、“大体上”或者“相当数量”的传统思考被我说中了就足够了。如果我说“全部”，那么不仅无益于我的分析，而且为人们提出各种例外情况打开了大门。

我应该试着为传统思维说一句公道话，因为传统思维确实具有伟大的价值，不过，极端化的推论（与考察真理相反）是我想对传统思维进行批评的一点。无论在什么情况下，改善思维系统都是旷日持久的事情。不过，在转型阶段，我们应当调整某些态度，对传统思维习惯的不足做出弥补。

问题在于，究竟是谁的思考习惯应该改变？这本书是应该写给少数哲学家、心理学家和系统理论学家们看？还是应该写给“思考精英”们，从而希望他们通过教育方式的改变而发挥有益的效应（如果有的话）？或者还是应该写给期待掌握人类思考的最佳资源以使世界变得更加美好的普通大众？第三类人群是我最感兴趣的，因为思考是每个人的事情，因为在民主国家，每个人都有责任关心别人是否思考得更好，因为借由教育来发挥作用的过程太过迟缓，因为普通大众买的书更多，从而更能激励出版商和书商发行此类书籍，而正是由于这一点，其他各个目的也才变得有意义。

我会在本书中会逐一检视思考文化的以下层面：

语言：对于沟通而言，语言是绝佳的工具，但是对于思考而言，语言却显得相对贫乏，然而它却主宰着我们的思考。

智商：高智商的人不一定就是优秀的思考者。思考是一种技巧，而不是行动中的智商。

批判性思考：这是我们思考文化中最为自负的一部分。要进行批判性思考很容易也令人满意，但收效甚微。

拉弗曲线：源自桌面逻辑的一种主要错误，它误以为只要某件东西是好的，那么这件东西就越多越好。

解决问题：这是一种保守的思维方式，它只会让我们停留在原地踏步。要获取进步，就必须换一种不同的思维方式。

分析：这是我们思维体系中最核心最有价值的一部分，但它把所有的情况都假设成封闭的，因而无法产生出新的创意。

描述：描述不仅可以表达感知，而且可以通过命名来设置感知，但它仍然不如感知本身更加有效。

自然："自然"和深层感受是真正重要的因素，在我们做决定的时候，它们比逻辑思考更具影响力。

数学：数学是一套已建构好的具有强烈确定性的体系，在其应用范围内，它有着巨大的威力，但整个体系却是相对有限的。

不是/就是：为了运用矛盾律，我们需要并创造了不是/就是这种诱发性的二分法。

绝对性：绝对性是我们对真理及其多重目标的追求，但问题是，真理只有在一定的情况下才能成立。

辩论和冲突：辩论和冲突有助于人们对事物做出考察，但冲突并不是建设性的，还有更好的办法考察事物。

信仰：创造并赋予事物意义，它是一种产生感知并强化信仰本身的循环系统。

科学：一种测试信仰的方法论，主要受到"因果关系"的驱动，但科学在感知方面十分薄弱。

创造力：由于创意的发生十分特别，而我们又不解其中奥妙，所以创造力长期以来受到了严重的忽视。

历史：人们执迷于历史，认为通过回顾历史就可以获得未来的进步。

逻辑：我们从来不在日常的思考中明显地使用逻辑，因为逻辑早已融入语言习惯当中。

艺术：艺术直接关系到对感知的反映和改变，但是它并不提供感知技巧。

语 言

我有的时候会对孩子们做一个练习，即让他们预见一下如果狗会说话，会出现什么后果？孩子们纷纷猜测说狗有可能被迫工作、变成它们主人的奴隶。他们还预见到狗会相互谈论各自主人的秘密，“狗权”运动以及政治投票权的问题也会悄然滋生。有一个孩子甚至说狗会开始上狗餐厅，并且会要一个“人袋”（people bag 相对于 doggy bag）把吃不完的东西带回家。

在孩子们看来，说话的能力可能会把狗变成一种新新人类。这个想法背后有一个潜在假设，即不经大脑的说话无异于鹦鹉学舌，所以狗的说话能力必须远超于此，而我在设置练习的时候也是这么假设的。

世界上存在数学、计算机、图画来帮助我们进行交流，但我们绝大部分的交流性思考都是靠语言完成的。我不相信语言对思考而言是不可或缺的（尽管对扩展性思考可能如此），然而社会上的思考交流都是通过语言来完成的。经由文化的历代传承，语言已经主宰了我们的思考，而这是一个非常重大的缺陷。

语言是交流的系统，而不是思考的系统。语言和交流是截然不同的两回事，一旦我们把两者混为一谈，就会陷入巨大的麻烦。维根斯坦就曾说过，哲学家的作用便在于保护真理不受语言的影响。

作为一个描述系统，语言是卓越的，但这并不意味着语言同时也是卓越的思考甚至感知系统。当你在法国一个中世纪教堂里看到一扇美丽的彩绘玻璃窗时，你是会看着这扇玻璃，还是透过玻璃眺望窗外的草坪呢？大部分人都会看着这扇玻璃窗，而不会透过它眺望草坪。类似的，语言的基本问题之一就在于区分两类人：一类人把文字当成我们借以眺望世界的窗户，另一类人把文字本身视为重要的富含意义的符号。

所有的思想家都羡慕数学体系的干净纯粹。如果把一颗钢珠放在离桌面两英尺高的位置上，需要多长时间这颗钢珠才会撞落在桌面上呢？一个数学家说道：设 X 代表钢珠离桌面的高度，Y 代表重力加速度，V 代表初始速度。因此，V 值为零，因为钢珠是从静止状态开始掉落的；X 是两英尺，因为题目已经告诉了我们这一条件；Y 是每秒 32 英尺每秒的加速度（我们都知道这就是重力加速度）。把所有这些值代入一个已知的公式，我们就得出了答案。那么，为什么语言就不能这样呢？

哲学家们一直渴望把语言变成一种强大的符号系统，系统内的每一个单词都具有固定的意义，而不会有任何偏差。他们常常以为自己已经成功了，并时常把语言当成一种桌面逻辑系统，在摆着各种颜色和形状的积木的桌面上，操作者可以任意摆弄。

然而，除了让人自我陶醉（很多学者就是这样）以外，这种哲学语言游戏如果还要具有更高的价值的话，就必须具备一个基点将世界转换成各种符号，并将这些符号应用到现实世界当中。

正是在这一转换基点上，语言迎面碰上了感知的多变性和世界的复杂性，而这些多变性和复杂性可不像桌面逻辑中可供切割组合的木头块那样简单。电脑玩家喜欢输入P代表人类（people），M代表金钱（money），H代表人类的幸福（human happiness），然后研究出一个最终的公式来计算人类的幸福。使用各种变量的经济学家，其实也在做类似的事情。

“上”这个词来自我们的经验，而我们也可以用一种永恒不变的方式来定义它：上就是上，而且永远是上。然而，一旦我们进入太空飞船，在地心引力为零、人体四处漂浮的情况下，“上”就不再具有其平常的意义。那么，到底什么是“上”呢？我们用一个简单的定义来回答这个问题：“上”只适用于我们站在地球上的时候，它代表远离地心引力（或者与重力相反的方向）。对于平放在桌面上的地图，我们也可以用“上”吗？类似的道理，当然可以。

定义是依附在其他的定义和参考框架之上的。很多时候，我们不恰当地把一成不变的环境理解成是想当然的。例如，在太空飞行出现之前，我们总是把“上”当作重力系统中理所当然的事情。

我们稍后会回来讨论思考习惯中的绝对性、真相和确定性等问题。现在，我只想指出，把语言当作一种僵化的建构系统，这种做法是不成功的，尽管我们现在依旧相信自己在这方面取得了成功，并将大部分行为建立在这种信仰之上。

作为一种描述的手段，语言确实使我们的生活更加方便。但是，描述所存在问题之一，就是世界被各个字词以某种特定的方式包装了起来。由此，我们倾向于用这种特定的方式来看待世界，正如我在前面流域、循环、准备和注意等部分中所详细介绍的那样。语言的这种命名和包装的功能非常有价值，没有它，我们根本不可能去注意事物。

然而，当字词大而无当、涵盖的范围太广，或者根本找不到合适的字词来表达时，问题就出现了。其实，这不是描述的问题，而是感知的问题。我们可以把一个较大的词汇分解成几个较小的词汇，或者用一个恰当的形容词来进行描述。例如，罪犯这个较大的词汇可以细分成商店扒手、诈骗犯、谋杀者等等。但无论怎样细分，由于有了"罪犯"这一宽泛的分类，我们都倾向于以类似的方式来看待扒手、诈骗犯和谋杀者等，尽管我们能描述出他们的不同，但我们对他们的感知都是一样的。

我希望有一个词来表达这样一个概念："除非在某种特定的情况下，这件事可以用两种同等有效但完全相反的方式来看待。"既然我能够把这个概念写出来，这就清楚地表明，语言是完全可以描述出这个概念的，但是以如此复杂麻烦的方式来描述，无助于将这个概念普及开来。相比之下，我更喜欢创造一个新词 janoid (这个词来自于古罗马的两面神 janus，他可以同时用两种方式来看待事物) 来表达。比如，在对话中，我可以说："在这一点上，它是个 janoid。"由此暗示以上的概念。在某些特定的情况下，janoid 一词的含义可能和"模棱两可"接近，但并不相同。我可以说，1988 年伊朗客机遭 USS Vincennes 击落这一事件是个 janoid，即从某个角度来看，它是个悲剧，但从另一个角度来看，它却是有利的，因为由于此事，全世界普遍同情伊朗人民，这促使伊朗人民接受了联合国关于停火的决议。

我还希望有一个更好的词来表达“我们看待事物的方式”。现在，我不得不用“感知”来表达这个意思，但这个词还不够好，因为它总使人们联想到视觉感知。我曾经发明过一个术语“水平思考”，因此“创造力”一词太过空泛，而且一直重复解释“在自我组织的模式形成系统中水平跨越模式的思考类型”也是一件麻烦的事情。

新的词汇往往是在有强烈需求的情况下才得以出现。例如，gazump 这个词是在英国的财产转让市场上出现的，它表示“已经同意出售给某个买主，但随后又改变主意，卖给另一个出价更高的买主”。astronaut 和 software，也是很明显的例子。

大部分新词汇都是为了迎合新的情势和需求而出现的，但我们往往对旧有的看世界方式心满意足，因而不太会出现对新词汇的需求。因此，有时需要新词汇先于需求出现，以促使我们以新的方式重新看待事物。“水平思考”这个词虽然是刻意创造出来的，但它已经作为英语的一部分得到了广泛使用。

新的词汇有助于我们更有效率地进行思考，但是那些还没有意识到描述不同于感知的人却会粗暴地拒绝新词汇，他们并不了解为什么需要新词汇，要不然就推说这些新词汇所具有的功能可以用现有的词汇来表达（这和……一样），或者完全可以让旧有的词汇以婉转的方式来加以表达。事实上，所有的新词汇都是一种“术语”，而这些术语本身常常带有令人迷惑的负面含义。

那么，语言是不是能够有效地说服他人、进行辩论或证明某件事情呢？基于以下的理由，我认为这种说法值得怀疑。即使我身为作者在使用语言来做这些事情，我也认为语言顶多能够激发读者的洞见而已。

我们如此广泛地在政治领域使用语言，并把语言作为思考的指引，因此，我们有必要对语言在感知方面的不足保持清醒的认识。尽管艺术的思考直接是感知性的，但我们在平常的各个思考领域中，却假装在使用语言来思考，我稍后会讨论这一点。

由于把语言的流畅与语言的实质混为一谈，我们陷入了一种误区：滔滔不绝的雄辩似乎表达的是真理，而笨嘴拙舌的解说则不那么可信，于是，形式的流畅冒充了思考的完整。另一个难题则是我前面提到过的注意力的偏颇，即不论我们怎样试图忠实地表达，我们都无法把所有的细节和本质一一记录下来，我们企图记录下来的都是可以用来支持我们的论点的。这种偏颇的真实性和公开的谎言一样不可靠，尽管它努力想使自己显得可信。此外，还有使用词汇的问题，词汇间的价值并不像形容词那样是彼此分离的，而是蕴含在词汇的每个部分当中。于是，凡是要对他人的死负责的人都被统称为“谋杀者”，而那个人也不得不承受“谋杀者”这个词所携带的所有负面含义。

形容词非常容易附加在每件事物之上，那些没有事实基础而且略带嘲讽的形容词尤其危险，比如：自作主张的、所谓的、自命不凡的、跋扈专权的、令人感伤的、无关紧要的、过分简单化的、混淆不清的、误导的，等等。那些褒贬意味很明显的形容词反而问题不大，因为它们清楚地表达了一种情感，而不是某种思绪。一般而言，统计一下形容词的使用，就可以看出一篇文章或一次演讲的思绪是否清晰。

在语言中，“流域”和“转换”的问题和二分法的“不是/就是”问题一样严重。如，任何批判民主的人一定是法西斯主义者，而任何鼓吹增加社会福利支出的人一定是热血沸腾的自由主义者。关于转换的一个最简单例子就是术语“学究”，凡是义正词严或者能够把三位数以上的数字进行加总的人，都很明显地与一般人不同，因而被冠以“学究”的美誉。然而这种转换不只带来美誉，也带来负面影响，因为“学究”这个词还包含了不切实际、眼高于顶、乌托邦式的、身居象牙塔等负面含义。反之，在辩论中一旦转换到“家庭”、“人类价值”、“生态”和“社群”等术语，争论者就能反败为胜。

这个基本的游戏是如此简单易懂，而且屡试不爽。我在前文中列出的所有感知习惯都可以出现在逻辑辩论之中，而每个逻辑观点只不过是从某个特定角度出发的感知罢了。

有些人已经承认在语言的使用中，是感知在支配着逻辑，因此我们永远不必装作自己是如实报道或者不偏不倚的，相反，我们应该坦然地表明自己站在什么立场，然后让别人来加以权衡。

至少我们应该承认，通过描述性语言来表达的思考与感知密切相关，而非与确定的逻辑相关。接着，我们应该认识到，感知都是从某一狭隘的角度出发，而不是来自于全面的考察。由此出现的问题在于，作者是基于宽广的视野来表达某个局部的观点，还是只从狭隘的视角出发提出观点？而后者正是感知经常运作的方式。

思考和智商 ▶▶▶

如果真设计出与超级计算机不同的真正聪明的思考电脑，那么当它向我们提供最终的结论和决策时，我们很可能不会予以采信。于是，这台电脑必须聪明地意识到它周围的人不那么聪明，因而需要把得出结论的每一个步骤都展示出来。

在我们的思考文化中，我们总是赋予智商崇高的地位，如同我把上述新型思考电脑的“聪明”看得很重一样。如果你拥有高智商，那么一切思考在你的大脑中都水到渠成。然而，这是一个极大的误区，它已经在教育中带来了两个灾难性的结果。第一个结果是，我们相信对于那些高智商人的思考，已经不需要再做什么。第二个结果是，我们相信对于那些低智商人的思考，已经没法做什么，因此，我们不必费事教人们如何思考。直到近年来，这种心态才开始有所转变。

但遗憾的是，很多高智商的人却是贫乏的思考者。他们掉入了“智商陷阱”，这种陷阱分布于各个层面。例如，一个高智商的人可能先入为主地对事物形成某个观点，然后通过巧妙地选择假设和感知，来捍卫那个观点，而他越是为自己的观点进行辩护，就越不可能去全面地考察事物。因此，高智商的人可能陷入智商陷阱，他认为自己的观点正确得不能再正确。而智商不那么高的人由于不太确定自己的观点是否正确，所以反而有更多的意愿和机会去全面地考察事物以及其他人的观点。

高智商的人通常怀着一种智商的优越感长大，他们需要别人认为他们是“正确”和“聪明”的。这种人不愿意去冒险采用创造性和建设性的主意，因为这些主意需要时间来证明自身的价值和得到认可。高智商的人常常倾向于进行攻击和否定。如果你攻击某个人的观点或思考，就会迅速获得某种成就和优越感。在有关智商的术语中，攻击是非常廉价容易的，因为攻击者总是能够选择参考的框架。

高智商的大脑运行得非常快，有的时候还过于快了些。高智商的人可能根据初步接受到的信息就妄下断论，而这比脑筋慢的人需要接受更多信息才下结论的情况要糟得多，这也是证明我们需要前面讲过的零度坚持的例子之一。

当你想买一辆跑得飞快的法拉利的时候，钱非常有用。当你想拥有高智商的时候，基因就非常重要。但是，拥有一辆好的跑车，并不意味着你就自动成为一个好的驾驶者。你可能开着一辆好车，但驾驶技术奇烂无比，而别人有可能开着一辆破车，但驾驶技术精湛无比。汽车的马力和机械性能提供了潜能，而驾驶者的技巧正可以把这种潜能发挥出来。同样的道理，智商为我们的思考提供了潜能，而思考技巧正可以把潜能开发出来。有的人智商较高，但不知如何善用它，有的人智商较低，但却将智商的潜能发挥得淋漓尽致。

也许有一天，我们能够用一种简单的化学测试（比如注射一种化学药剂，然后对脑部进行扫描），来测量人们的智商。智商能在神经网络的多个点上进行作用，也许我们能够扫描到大脑的活跃区域“疲乏”得较快，于是大脑活动比往常更快地转移到下一个区域。如果负回馈（模式的抑制作用）较强，大脑的活动区域就受到更多的严格限制。模式的有效功能还可以在神经网络的很多点上得以增强，比如，如果具有连接功能的酵素比较强，大脑就更容易产生联想。

在过去，我们一直强调传统的IQ测试，因为我们一直欣赏这种测试的可靠结果，即使我们对所测试的内容有所质疑。整体而言，IQ的测试结果和学校表现的确高度相关，只因为学校的思考模式和IQ测试里所需要的思考模式非常相像（即都是反应式的和分析性的）。然而，IQ测试结果却难以预测一个人未来是否成功，因为掌握未来需要另一种类型的思考。当然，有些职业正好是学校教育系统的延伸，因此IQ测试可以作为一个良好的风向标。哈佛大学的霍华德·加迪纳和其他一些学者已经开始质疑单一的智商测试，并开始撰写有关音乐智商、运动智商、艺术智商的著作，以突出强调不同的天赋领域。

我经常把思考描述成“智商在经验基础上发挥作用时的操作技巧”。我们需要操作技巧来充分利用经验所提供的潜能，这正是我为什么投入在学校思考教学上的原因。实践经验证明，即使是天才学生（具有顶级IQ），也需要和其他普通的人一样学习思考技巧，至少在某种程度上，这样做也有助于克服他们天生的高傲。

高智商的孩子往往看起来偏好“反应式”的思考，他们善于在给定的信息之下解答谜题，而不擅长于需要自行搜集信息、评估所需因素以得出结论的“前向式”思考，也不喜欢去思考未来的远景、事物的平衡，以及解决方案的实用性。

显然，我们可以把“智商”定义成思考中所有完美的事情，因此，通过这一定义，这一范围以外的任何事情都不能称为

“智商”。这是一种后见之明的定义，它对于描述思考过程毫无用处，只是比较适合用来形容“卓越的思考”而已。但问题是：为什么高智商有时候却导致不明智的行为呢？

其实，“智商”一词更合适的用途是用来描述大脑活动的过程、大脑运作的速度，以及大脑中智商测试中表现良好的能力。它描述的是一种过程，而不是结果。

高智商之所以有时导致不明智行为，也许是因为一些化学平衡（酵素、神经传输元等）会导致谨慎、胆怯以及其他抑制智商成功运用的人格特质。也许是因为高智商更多地集中在反应式思考和解答谜题方面，而不指向需要包括猜测、排序等能力的广泛的“前向式”思考。也许是因为缺乏技巧的高智商不足以应对自如。也许是因为高智商本身就具有反效果。高个子的人有时具有优势（他能够俯瞰人群），但有时处于劣势（比如在挖散兵坑的时候）。刀子越锋利越有用，但同时也越危险。因此，高智商或许真的有助于我们进行更完美的感知活动，但问题是，这种感知活动有较大的局限性，我们将这种有局限的感知活动进行得越完美，得到的结果就越有限。

感知的自然行为是形成固定的模式，大脑会迅速地辨认出这些模式，然后分毫不差地运用它们。正如我反复强调过的，这一过程最初具有较高的生存价值，但它随后却把世界锁定在非常有限的、僵化的境地。依靠化学作用来进行活动的大脑，最终只得到了贫乏的感知（就宽度、深度、考察面和不同的视角而言）。

在前面的内容中，我已经展示出感知和桌面逻辑是非常不同的。我并没有说感知是一种完美的系统，不仅如此，感知领域事实上并不存在真理。但是，通过理解感知，我们可以意识到它的局限，从而设计出一些思考工具来让我们从感知系统中获益更多。

在学校里，高智商的孩子学会了如何服从制度，比如，如何通过考试，如何取悦老师，如何只做需要做的作业，等等，但创造力更多地体现在那些不愿意当乖孩子的叛逆分子身上(因为他们不想在服从方面出类拔萃)。然而，如果我们能够了解创造力（像水平思考那样的创造力）的游戏规则，我们就可以得到一个有趣的悖论：乖孩子现在可以变得比那些叛逆分子更有创造力，因为他们更擅长于新的游戏规则。

因此，我们必须打破高智商已经足够的传统观念。

批判性思考 ▶▶▶

任何在逻辑上犯了错误的人都被认为是低劣的思考者，因为感知的瑕疵很难被察觉，即使被察觉到了，大家也都报以容忍的态度。那么，如果我们去除掉逻辑上的错误，就一定变成卓越的思考者了吗？这一直是我们最基本的文化信仰之一，对教育的基本要求之一，以及近年来大家最关注的话题之一。

一个技术糟糕的司机会在开车过程中犯很多错误，如果把这些错误去除掉，这个司机就会变成一流的司机吗？事实并非如此。要去除掉所有错误，最简单的方法就是把车停在车库里。简单地去除掉思考中的错误，并不必然带来创造性、建设性和生产性的思考。去除错误当然值得一试，但它只是思考过程中的一部分，也许只占思考过程的三分之一甚至更少。然而，我们一直把批判性思考奉为圭臬，有时甚至认为它是思考表现的极致，这种高度的尊崇建基于一堆令人质疑的假设。

柏拉图记载了苏格拉底的对话法。由于文艺复兴所带来的多种原因，我们一直推崇着这个无效率的方法（在后面的“争论”一节中，我会解释为什么我认为这个方法是无效率的）。中世纪的神学家给予了批判性思考崇高的地位，因为他们必须依靠批判性思考来对付异教徒们微妙的创造力（比如多纳图派信徒就企图用辩证法围攻圣·奥古斯丁）。于是，黑暗世纪以来一直保存着的文明教义，就为一般学校、大学甚至文化奠定了基调。

批判性思考的确是一种卓越的思考类型，因为它使批判者看起来是为了超越被批判的对象而进行的批判。实际上，这几乎不是一个真实的假设，因为，在大多数情况下，批判者都只会抓住自己理解到的一小部分进行议论和批判。

批判性思考带给人完全的成就感，因为它有目标、有思路、有结果。而大多数创造性和建设性思考只有在被付诸实施、发挥效用之后，才能看出明显的结果。

最后，人们普遍存在一个潜在的假设，即只有不断地批判既有的想法，才能得出越来越好的想法。当然，如果你指出某个想法中的错误，并道出如何纠正这些错误的方法，就可以得出更好的想法。

上述假设实际上建基于一个非常严肃的假设，即我们可以借由革命性的过程来获得更好的想法。这个假设之所以严肃，是因为它勾勒出了整个社会以至于科学如何获取更好想法的道路。基于我稍后会给出的理由，我认为这种假设是完全错误的。

无疑，如果这一革命性道路真的存在，批判性思考显然足以提供一种革命性的压力，使我们决定（在古典达尔文理论的基础上）哪些想法值得保留，哪些想法应该淘汰。然而，这种批判性思考只能在既有的范式中进行，因而它会对范式的转换产生与日俱增的阻挠和抵抗。

我们之所以推崇批判性思考，还因为我们相信它是一种难度较大的思考。批判性思考将思考者置于那些很容易接受他人观点或者很容易被他人说服的人面前。实际上，它是一种非常廉价而容易的思考。当然，批判性思考也有难易之别，从在一篇高深的数学论文中挑错，到一个地方性业余画展中指出不喜欢的画作等等。不过，大部分批判性活动都倾向于廉价而容易那端。

批判性思考之所以容易，是因为批判者可以集中在他或她喜欢的某一点上发表高论，而忽略其他的点，批判者完全可以断章取义，也可以建立自己的独断框架，并依此进行判断。好的批判者可以指责餐厅里的菜肴淡而无味、没有特色，并据此批评其价格不合理（以更精致的菜肴为参照）。然而，如果菜肴的确精致，批判者又可能指责菜肴营养过剩、味道混淆、铺张浪费。要进行这种批评简直是轻而易举。

倘若我们把对政治家的期望去除掉“一致性”这一项，那么大部分政治评论都会在一夜之间烟消云散。很多政治评论都集中批评了某个政治家的所作所为与其所宣扬的理念不一致，或者他没有兑现两年前的诺言，或者他违背了政党理念和竞选誓言。对此，政治家们常常回应说他们之所以如此，是因为他们改变了心意或者事易时移、环境变迁。评论家们对此类回答当然不满意，因为这些回答动摇了主要的批判框架。这些评论家往往宣称政治人物既然基于某种基础被选上了，就应该坚持到底。在有些情况下，这毫无疑问是正确的，但是在大多数情况下，进行改变却是明智之举，而且也能赢得大部分选民的赞同票。

无疑，“一致性”是批判性思考中的关键词。某件事物是否具有内在的一致性？这是对事物一无所知的人最喜欢用的批评字眼。它是否和我们所熟知的真理或绝对性原理一致（或者它需要达到一致吗)？它是否和我们的经验与感知一致？它是否和我看待事物的一贯方式相符？所有这些疑问实质上都归结为一点：它是否和我的感知模式相一致？

因此，这种判断的过程可能是完整透彻的，但其基础却来自于一般的或者个人的感知。不过，正如我前面提及的，建构系统是一个例外。真正的建构系统是一回事，而我们所宣称的建构系统是另一回事。

有的时候，有人会说批判性思考分为两个层次。第一个层次是评估所提供信息的可靠性或真实度。“我的外婆在埃及有一个朋友，她的一个佣人死于带菌蚊虫的叮咬，因此，所有的蚊虫叮咬都是危险的。”这句话的结论就缺乏足够的论据支持。第二个层次是攻击某个观念的本质，而不是它的基础或来源。在这里，我比较关心的是第二个层次，因为第一个层次只是由于感知混乱所导致的过度谨慎而已。

我们如何批判一些足以不受批判的事物呢？我们如何改变一些无法批判的东西呢？这就是批判性思考体系的最大不足。我们如何克服对这一体系的自满自大呢？在我们已经接受的既有框架内，在我们的想象力范围内，在我们封闭的分析系统内，一切事物看起来都不可能有错。那么，我们又如何着手改善事物呢？

如果要依靠纠错来改善事物，那么当我们无法感知到事物的错误时，又何谈改善呢？而且很多时候，我们是在感知到改善事物的可能性之后，才发觉到错误的所在。日本人对产品品质的追求是永无止境的（一旦他们开始投入其中），因为无论产品多么好，总是存在使之改善的可能性。但是西方的批判性思考却总是先找到事物的缺失，然后再寻求改正，因此，任何无缺失的东西是无法进一步改善的。

于是我们看到，批判性思考作为我们思考传统的主要元素，具有严格的限制条件，而即使它运作得非常良好，到头来也仍须依赖我们视为绝对的感知。

拉弗曲线 ▶▶▶

税收增加了财政收入，所以税收越多，财政收入越多。产业效率是好的，所以效率越高越好。法律是好的，所以法律越多越好。

拉弗曲线很可能是证明传统桌面逻辑无效率的最简单明了的例子。这条曲线根据经济学家拉弗的名字命名，他宣称超过某一点之后，课税的增加反而会减少所获取的收益。因为，超过某一点之后，人们的工作动机就会减弱，转而会花费大量的时间和精力来寻找各种门径逃避赋税。企业的生产也会转而以“节税”为动机，而不再以多产为目标。在过去的数年来，很多国家，包括里根政府和撒切尔政府，都实行了减税政策，而财政收入似乎也呈上升趋势，虽然很难把这一上升趋势与其他同时进行的政策分离开来。因此，在到达一条曲线的顶点之前，税收越多，收益越多，但过了顶点之后，税收越多，收益反而递减。描述这一过程的曲线就是拉弗曲线，它的形状看起来就像一座简单的山峰。

为了促进竞争，产业效率是必需的。有效率的厂商可享有较低的生产成本，并获得较高的利润以供再投资，因而颇得股东的欢心。因此，所有冗余的生产环节和费用都必须挤掉，所有的生产设备都必须充分利用，以使每一分每一毫都能赚取最大的利润。生产经营的方法日趋改进，数年前美国每年需要 50 000 个新的火车车厢，今天这个数字降低到了 12 000 个，这不是因为火车交通日趋式微，而是因为每个车厢现在可以使用 10 个月以上，而不像以前只能使用两个月而已。电脑控轨也产生了如此神效。当然啦，这种效率是我们求之不得的好事，它当然越高越好。

的确如此，但到一定的程度为止，过了一定的程度，效率越高越意味着“脆弱”和丧失弹性。

你可以将效率调整到目前的情况，但是如果情况改变，不再有任何的冗余、缓冲和转接的余地，有效率的组织就会在一夜之间崩溃。你将所有报酬不佳（股价无法上扬）的部门全部剔除，然而一旦某个强大的竞争对手出现在你剩下的经营领域，你就很可能瞬间陷入困境。

在企业经营上，有个新词叫做“弹性”。你不必一味地在生产自行车方面提高效率，而是要拥有一间具有弹性的生产工厂。

如果自行车受市场欢迎，你就生产自行车，如果健身器材热卖，你就转而生产健身器材。在运营发电厂时，你也可以建立多种燃料储备。如果石油价格标高，你就用煤炭发电，如果天然气便宜，你就用天然气发电。

要使社会正常运作，法律不可或缺。然而，如果法律规定的医疗事故理赔远远超过了医院运营的收益，妇产科医生因而停止接生婴儿时，就会发生进退两难的荒谬情形。这种荒谬情形已经在美国屡见不鲜，对美国的企业而言，法律的考量已成为最主要的忧虑来源，Texaco/Penzoil 一案便是一例。我曾经从欧洲一家大公司得知，在欧洲，一个部门经常和另外一个部门共享一名律师。而在美国，同一个部门却聘用了 50 个全职律师。律师也要养家糊口，而如果你能从官司诉讼中获取比工业生产还要多的利润的话，打官司这种游戏就会无休止地进行下去。稍后谈到 ludecy 这一概念（对游戏规则循规蹈矩）时，我会再讨论这一点。

在桌面逻辑中，有许多不同的积木块摆在你面前的桌上。蓝色积木就是蓝色积木，它绝不会突然变成红色，某个事物所具有的价值是永远不变的，有的东西属于这一类而不属于那一类，没有任何机制可以大乱这种分类。然而，如果这些永恒不变的确定性消失，逻辑系统就无法运作了。如果我们依赖于每一时点的具体环境，我们就不会再有古典逻辑，取而代之的是我前面提到过的“水的逻辑”，稍后我也会深入讨论这一点。

大多数传统哲学家已经意识到这种分类系统的重大缺陷，但问题是，变动点（拉弗曲线的顶点）很难用具体的方式描述出来。不加盐的食物是淡而无味的，加少量盐的食物是美味的，加太多盐的食物简直就糟糕了，可是这些变动点因人而异。哲学家们已经勉强找到一种方式来克服这一困难，即提倡“适可而止”和“黄金分割”，但这只是一种父兄式的告诫，远非逻辑证明。

可以理解的是：不吃食物是不行的，吃一些食物对身体有好处，吃太多食物则有害健康，美国人就把肥胖症视为这类逻辑的见证。个子高是好事，但个子太高了就未必好——除非你想当一名篮球运动员。类似这样的事情很容易界定怎样是“充分”的，怎样是处于“正常范围之内”的，但有些事情则不那么容易界定，比如，有一些国防支出是好的，但在哪一点上国防支出就变成“坏”的或者浪费资源了呢？

桌面逻辑旨在让我们免于做这种困难的决定。我们只需要辨认出事物是属于哪一类的，然后各类类别的定义自然会帮助我们做出决定来。

真理是好的，正义是好的，环保是好的，家庭关系是好的，社区也是好的。但是，我们是否可以感受到在哪一点上这些东西过多反而变得不好了呢？恐怕不能，就算我们能探知这一点，我们也不会去承认它，因为对手可能很快指出我们已经超过了那一点。我们精确地把恒久不变的价值标签贴在各类事物之上，因为我们不想给自己找麻烦来对事物作决定。

在以上的例子中，价值标签是我们感知模式中的一部分。你可以捡起一块奇形怪状的木头块，然后对自己说：“这块木头对我有用吗？”一旦有一些字眼，比如正义、环保、效率或者法律进入到你的思考之中，你就会自动地认为这块木头是“好东西”。

很多社会问题的发生都起源于我们未能认识到拉弗曲线（我倒喜欢称之为“盐巴曲线”）被应用到了诸多事情之中。知识是好的，因此知识越多越好，但正如我们所看到的，事实并非如此，因为过多的知识可能阻塞科研中的原创性。批评是好的，因此批评越多越好，然而，事实上过多的批评可能使人陷入自暴自弃、不能自拔的境地。民主是好的，那么太多的民主可能转坏吗？

我并不是在举例说明事物过度的情形，因为每个人都很容易看出任何事物过了头都会变得有害。我想说明的是，在有些情形下，在正常的范围内的某一点上会发生价值的转变，就如同在食物上撒盐一样。

解决问题 ▶▶▶

有一句简单的谚语几乎摧毁了美国的基础工业，这句谚语就是：“如果它没坏，就用不着去修它。”为什么如此简单、浅显易懂的谚语具有如此巨大的破坏性呢？美国产业界流行着一句话：“让我们做正在做的，如果出了什么毛病，就修理修理，然后继续做。这就是我们的工作。”这就是美国产业界的“维修”观，曾几何时，它被产业界奉为圭臬。

接着，来自日本、太平洋地区其他小龙、西德的产业竞争纷至沓来。现在，所有的竞争者都知道不进则退的道理，因而致力于改进之道。这就意味着他们必需精益求精，而不能原地踏步、修修补补。因此，他们开始关注一些看起来没有问题的地方：我们是否可以在这一点做一些改进？我们可以把产品价格订得更低一些吗？我们如何让产品更加结实耐用？

“如果它没坏，就用不着去修它”这一传统的观念与当今日新月异的竞争背道而驰，因为这句谚语假设世界是静止不变的，而你现在所做的一切足以应付静态的世界，这完全违背了当今一日千里的变化趋势。人们在产业界已经吸取了这个教训，但在教育、政治、经济和国际关系等领域却还迟迟没有意识到这一点。我们的确倾向于“解决问题”的思维模式。我们假设自己的所作所为都是对的，如果出现了任何偏差，我们就马上予以修正，如同修理泄气的轮胎一样。美国人的心理和教育存在着一个灾难性的习惯，即把所有的思考都当作是“解决问题”。现在有一些教育者正在谈论把解决问题的技巧引进学校，而不好意思直接说要引进“思考技巧”（因为“解决问题”正是人们对教育的要求）。

无疑，“解决问题”是思考应用的一个重要部分，我们可以把它作为一个“大词”（big word）来总括所有带着目的进行的思考：我们想到达某个目标，我们如何到达那个目标，让我们来解决这个问题。但是，如同使用其他“大词”所遇到的困难（流域的困境）一样，我们很快就发觉自己的眼界被局限在了解决问题的模式：有东西坏了，让我们来修理它。这个模式排除了机会性思考、原创性思考、企图心、改进，以及对其他看起来没有问题的事物进行的思考。

解决问题和批判性思考有着相同的文化背景：让我们纠正错误，让我们挑出错误。我们没有意识到这些其实都是维修程序。这些观念假设我们所拥有的系统是完美的，即使不够完美，也是在朝着完美的方向稳步前进，所有思考者需要做的只是维持着这辆车稳步前进，并在一路上维修损坏的零件，而范式转换和精心的设计与此毫不相干。

当我们着手解决问题时，我们使用的是非常传统的方法。我们分析情况，然后试图去除掉引发问题的原因。去除原因通常能够解决问题：如果你的鞋扎到钉子，那么你就拔掉钉子；如果银行信用被滥用，导致通货膨胀，那么提高利率即可；如果被污染的水源正传播着霍乱菌，那么你就更换水源或者把水烧开；如果火箭上的圆环发生燃料泄漏，那么你就重新设计火箭，把圆环去除掉。然而，并不是所有的问题都可以通过去除病因而得到解决。你可能找不到问题的原因，可能找到了原因但很难去除掉它（比如地震或干旱），也可能原因错综复杂而无法去除（比如社会暴力）。

“去除原因”只是解决问题的方法之一，可是我们却耗费了大半精力在这个简单的方法身上，这是由于我们的逻辑文化背景和“原罪”观念所致，而原始的“因果”观念也意味着事出有因，因此必须去除掉原因才能解决问题。

那么，还有哪些方法可以解决问题呢？方法之一，就是“设计”。在设计时，我们说：“情况是这样的，我们怎样才能改进它呢？”如果你想在一片沼泽湿地上开拓新市镇，你也许会说：“让这片地变成沼泽地的原因是什么？让我们去除掉这个原因。”如果你要在沙漠上开拓新市镇，你并不想去除掉使土地成为沙漠的原因，而是说：“这是一片沙漠，我们怎样设计出能够在沙漠上屹立不倒的房子？”实际上，面对北爱尔兰宗教问题一类的情况，你即使想要去除其原因，也十分困难，因为宗教问题起因于多年历史和文化的沉疴，因此，你可能需要在现有的基础上进行设计，以寻求解决之道。

另外一个方法就是修改整个系统，这个方法和设计有一些相同。在一个错综复杂的互动式系统中，我们可以改变一些联系或关系，比如切断一些联系，引进其他联系，修改关系的参数，等等。通常，如果你改变了游戏规则，贪婪的人性会很快善用这个新系统。例如，当美国保险公司想要减少日益增长的医院成本时，便引进了“诊断相关分类”（DRG）这一方法，以确保每个诊断类别支付平稳的医疗费用。于是，医院很快发现早点把病人送出医院比留置他们能赚得更多（当然，医疗诉讼还可以多少保障那些过早被送出医院的病人）。

可是我们的思考传统总是偏好分析胜过设计。当然，如果我们更好地分析事物，就有可能找出原因并去除掉它。这个想法并非不对，但是应用程度有限。然而我们依然只教授分析，而忽略了设计，因为分析似乎只需要逻辑（这也是错误的，分析也需要创造性的感知），而设计却需要创造力，可我们对创造力一无所知。

在这一点上，一些传统哲学家可能诉诸于文字游戏，“万事皆有因，每个问题必定有其原因，如果问题被解决了，那么根据定义，其原因也就被解除了。至于你是怎么去除掉原因的，这并不重要，重要的是原因被去除了。”这种描述性的后见之明一直阻碍着智力的发展，而这种情况和我们看到的“智商”一词的运用如出一辙。“所有良好的、有效率的、有价值的行为都7是聪明的行为，因此，一个高智商的人不可能进行无效率的思考。如果一个人是贫乏的思考者，那么根据定义，他或她一定不聪明。”“逻辑不可能有错，因为根据定义，逻辑是完美无瑕的，不然就不是真正的逻辑。”类似这样的说法随处可见、屡见不鲜，而它们只不过是一种文字游戏而已。

英国一些球迷之所以在足球比赛和其他场合中表现出暴力行为，很可能是出于多种原因。这些原因包括日渐式微的家庭关系与纪律，流行风潮和同僚的压力，生活缺乏乐趣，自由表达意志的风潮，对社会复杂面的疏离感，年轻旺盛的精力无处发泄，电视暴力的影响，等等。你可以试着去除掉所有这些原因，也可以试着设计出改善现状的进步之道。

因此，解决问题与去除原因的传统固然有其作用，但它们只是所需思考的一部分。在一定范围内，这些传统的思考方法游刃有余，但超过一定范围，这些方法就捉襟见肘了。可惜，我们却十分自满于传统方法的优越性。

美国的每一位男性每天都会刮长在嘴唇上方的胡须（除非是刻意蓄须或者是印第安人的后裔）。那么，一个惯用传统刮胡刀的男人，会有几次想到不动刮胡刀而摇动脑袋的方法比动刮胡刀而不摇动脑袋的方法更加容易？事实上，那的确是更好的方法，但是没有人这么尝试，因为“没有需要修正的问题出现”。然而，光靠解决问题是不能带来进步的。

分　析 ▶▶▶

有一个故事是这样的：新泽西州一家超市的老板发现，超市因盗窃而损失的金额已达到营业额的20%。于是，他展开了一场彻底的调查，他核对了所有的账目，专心观察每个收银员，看看每一笔交易是否都被准确地记录下来。他还安排便衣侦探混入购物者当中，看看有没有大规模顺手牵羊的事件发生。然而，什么问题也没被发现，整个系统都准确无误地运行着，可损失却依然照旧。有一天，老板来到超市，他立刻发现有什么地方不对，但又说不出究竟是什么地方不对，只是有一种不安的感觉。突然，他发觉到了，以前他只设立了四个收银台，但是现场却有五个收银台。原来，超市的员工联合起来设立了第五个收银台，然后把这个收银台的所有进账占为己有。因此，在每一点上，系统都完美无瑕地运行着，只不过此系统已非彼系统也。

分析适用于封闭的系统，但有多少系统是封闭的呢？我们又如何画一条界线获取封闭的系统呢？作为事后诸葛亮，人们很容易指出，早在侦察超市案之初，就应该清点一下收银台的数目。的确，从后见之明来看，每一件事都显而易见。

在我早期的著作里，曾谈到一些关于利用刀子的平衡在瓶上搭起一座桥的机械问题。其中有一个问题，我提出可以用“四把”刀子来完成，但那个解决方案实际上只需要三把刀子就可以了。于是，我惹来许多读者来信的责难，说如果用三把刀子可以完成的话，我为什么要用四把刀子来解决呢？其实，这些后见之明正反映了封闭系统的分析和学校教科书的一贯方式：在信息已经给定的情况下进行分析。

对封闭系统进行分析就像聪明学生做猜谜游戏一样，如果所有的信息已经给定，他们就很擅长解答谜题。

在我们传统的分析中，我们就采取着类似的方法，我们把所有相关的信息圈定起来，然后分析其中的因素和内在关系。

然而，这世上究竟有多少东西是我们可以圈定起来的呢？

过去，人们经常在不同的服务柜台（银行、邮局、航空公司的柜台）前大排长龙，只因前面的人似乎有一大堆复杂的事务需要办理。于是，有人开始引进单点排队的方式，也就是说，人们只需要排成一列，只要任何一个柜台有空，就可以上前办理。这可以说是一大改进（至少在心理感觉上是如此），因为不会由于某人占用很多时间就导致后面的人干等。现在，有很多人在进行复杂的研究，以分析排队的数学性，他们将提出在多少点数上为最佳的排队策略。但是，是否还有其他的办法呢？

试想众多窗口中有一个特别的窗口上面挂着一个牌子，上面写着“在此窗口办理者，请交5元”。排队的人群中只要有人觉得自己等候的时间比5元钱还要宝贵，就会上前去这个窗口办理。于是，人们就有了另一个选择，而其他人的耐心等候也变得有价值了。如果有很多人都想利用这个窗口，那么价格可以提高到10元，甚至更高。像这样的创意是不可能来自对排队策略的数学分析的。

因此，对于分析，我们应该提出的第一个问题是：是否真的有个封闭的系统？第二个问题是：我们要如何划一条界线以获取封闭的系统呢？显然，对这些问题的回答都十分仰赖于感知。我们可以把自己觉得有关的事物圈定起来，但在那之前，我们必须先有感知才行。

基于多种有价值的理由，分析的确是一种强有力的传统思考工具。我们不一定能够辨识复杂的整体，于是我们把它分解成各个可辨识的模式，然后得知该做什么。为了理解整个复杂的系统，我们要先分析各个局部及其相互关系，而这正是应用数学的本质内容。如果我们试图理解一种现象，我们就得分析情况，以寻求合理的解释。

有人一直反对这种传统的分析过程，他们提出，一个复杂的系统一旦被分解成若干部分，就再也得不到整体全貌，而整体也不可能经由各个部分的重组而得到。例如，在医学上，人们觉得病人的精神状态会影响到病人的康复，但这种感觉无法在显微镜下或者抗体水平上显现出来。甚至在数学上，也有一种以比较宏观的方式去看待事物的倾向。那么，气象学是依赖于一系列的细微测量呢，还是依赖于对模式和过程的总体衡量呢？

很有可能，经济学的微观分析方法已经阻碍了人们本来可以在经济领域中获取的进步。

我想指出分析所存在的一个更为严重的缺陷。我们从小生长在这样一种传统之下：只要我们想了解事物，或者想得到新的创意，就得去分析既有的信息数据，或者通过实验和调查搜集更多的信息数据。这正是科学和市场调查的基础。计算机已经帮助我们更有效率地搜集和分类信息，因此我们也更有效地追求这种传统的信息分析方式。我们相信，或者很多人相信，分析信息足以应对世界，而且也是理性行为的基础。然而不幸得很，这种传统的分析方法存在着一个严重的缺陷。

这个缺陷就是：我们永远无法真正分析这些信息，我们顶多只能检验所有的假设，或者是在这些资料中寻找我们所知的有限关系而已。简言之，我们必须先具备感知的框架，可大部分时候，我们只使用了非常简单的感知框架，比如“相关性”、“因果关系”、“时间序列”、“衰变周期”等等。

当我早期埋头于医学研究时，我对肺部的循环做过一些研究。在一般正常的流量模型中，我们会测量两点之间的压力，以此测算出其中的流量，从而得知“阻力”是多少，但在这一基础上得出的测量数据似乎从来无效。于是，我转而运用了一种“瀑布”模型，在瀑布中，瀑布的高度根本不影响瀑布的流量。

为发现“混沌”研究的新领域，数学家们已经开始运用新的模型来回过头去研究旧的资料。因此，信息数据等资料分析有助于我们确认或者否定某个假说，使我们在已知的模型关系中做出选择，但这一分析本身并不能产生出新的概念。直到最近，经济学研究才逐一开始试验一些新的关系模型（非线性、阈值、瀑布等等）。如果资料分析可以直接催生出新的概念，那么这些新概念应该早在很久以前就被人们熟知，而且早就取代经济学家们一直使用的原始关系模型了。后面讨论科学方法的时候我会再次说明这一点，这里要强调的是：我们只能看到我们准备看到的事物。这是很重要的一点，而它直接取决于我们的感知。

由于电脑越来越能够为我们提供数据分析，所以我们应该发展出越来越多的概念模型让电脑进行试验。我们现在完全可以做电脑试验。早期的资料显示，系安全带的人在汽车事故中死亡的可能性较小，这似乎说明系安全带会提高人们的生存几率。然而，进一步的资料分析显示，两者之间的关系（即使有效）并非如此简单。小心谨慎的司机会系上安全带，并小心谨慎地开车，因而他们出车祸的可能性较小。而粗心大意、不计后果的司机不系安全带，他们出车祸的可能性较大，更容易造成伤亡。不过，我们得仔细考虑这种可能性，才能得出几率来。

为什么我们不能用所有可能的组合来简单地进行数据分析呢？这些组合是哪些因素的组合呢？即使我们能够把各个因素隔离开来，它们仍然存在于感知性的假设之中。而即便是就这些因素而言，其组合方式的数量也是庞大的，因为组合的数学计算会得出一长串的数字来，比如把 1 到 9 的数字进行排列，其组合方式一共有 362 880 种（9×8×7……×1）。

当然，从事后来看，一切都那么一目了然。一旦我们得到了答案，我们只需要说：如果你一开始就想到这个或者那个就好了；如果你当初从这个角度来看问题就好了；如果你考虑到了正确的因素就好了。正如我在本书中反复指出的，这种后见之明毫无价值（每个有价值的创意在事后看起来都是合乎逻辑的）。后见之明在桌面模型中有效，但在模式形成系统中毫无意义。这好比一旦你知道了从什么角度来回答问题，那么选择那个角度来回答问题当然更加容易。

古希腊文化对思考的重大贡献之一就是“为什么”这个概念。在引进这个概念之前，思考者满足于说“就是这样”，然后不再予以理会。而“为什么”这个概念引导人们开展更为丰富的分析和调查，从而得出更丰满的解释。接下来，我们就可以说：如果我们能够理解事物，找出事物构成的基本元素，那么也许我们就能够改变事物。显而易见，这正是这种古典思考方式到如今仍然备受尊崇的原因。尽管古希腊人本身比较喜欢以桌面系统和建构系统来思考问题，而不喜欢进行实验，但他们的思考方式仍然导致了科学方法的出现。

“为什么”这一概念是我们思考传统中一个非常基础的部分，我之所以选择在分析这一节里来探讨它，是因为许多分析都是为了回答“为什么”这个问题，比如，为什么通货膨胀持续上升？为什么 AIDS 病毒能够潜伏在人体内这么久？为什么有5%的选民在投票时摇摆不定？为什么会出现贸易赤字？

我已经提到过感知和概念对于寻求解释的分析性研究有什么样的贡献：我们需要像重视数据分析一样重视我们的感知。现在，我想从相反的角度来探讨，因为解释是回顾性的，而设计是前瞻性的。

我们一直受限于分析，而对设计给予了极少的关注。当然，我们已经设计了许多庙宇、纺织品、家具和太空火箭，但与分析所占的优势地位相比，设计一直被狭隘地当成了一种工艺活动。这部分是因为我们追求真理，而我们相信（也许是错误地相信）真理更可能来自于分析而不是设计；部分是因为神学推理对教育的影响；更主要的是因为我们错误地认为如果分析是把各个组成部分和系统加以分解，那么设计就是把它们再组合起来以达成某种效果。

传统的观念认为“知识就是一切”，一旦拥有了知识，诸如行动、设计之类的事就是小菜一碟。因此，教育和大学都只关注知识层面，至于创造事物的技巧就留给技术学校和商学院来教授，而这些学校和机构都被大众认为比较缺乏知识。或许设计一辆手推车或者一套雷达系统比分析 19 世纪的政治发展要容易一些（虽然我不尽然同意），但实际的设计过程的难度与分析相比却是有过之而无不及，而且设计的每一个小部分都和分析一样重要。

有两种观念阻碍了我们理解设计的重要性：一是资料分析足以带给我们所需要的所有点子（在自我组织的感知系统中，事实并非如此）；二是进化过程自然会带给我们所需的所有进步(这在自我组织的感知系统中也不正确)。

与“为什么”概念相对的概念是“po”。po使我们转而考虑感知的改变可能会带来哪些事物，并帮助我们设计出新的概念。“可能会是什么”来源于现在是什么，甚至我们需要摆脱现状、摆脱既定的感知和范式，才能大胆地猜想到可能会是什么。

亚里士多德曾说，所有的新知识都是从旧知识衍生出来的。如果我们同意只有通过既有的感知才能得到新知识的话，这句话就有几分道理。然而，我们同样也可以说：许多新知识受到了旧知识的阻碍，因为我们必须放弃既定的感知，才能从不同的视角重新看待事物。

描　述

有一个故事是这样的：一个男人在旅馆的电梯中邂逅了一个年轻美貌的女人，他问她如果给她一万美元，她是否愿意跟他上床。女人回答说愿意。男人想了一下，接着问：“50美元怎么样？”“你当我是什么人呀？”女人气愤地回答道。男人接着说：“我们已经谈好了上床的事情，现在只是谈论价格而已。”在男人看来，描述的类别已经被清楚地建立好了，这个类别就是“妓女”。而女人却认为“廉价的妓女”和“投机分子”之间存在着极大的区别。

一个玻璃杯从托盘上滑落下来，摔碎在地板上，我们知道这是地心引力造成的。“地心引力”这一描述性的词汇只是一种简便的表达法，它的意思是：一旦把东西放开，使其毫无支撑，东西就会掉落在地上。其实，并非很多乐于解释地心引力的人知道牛顿的地心引力定律或者爱因斯坦的修正理论，更少有人知道地心引力的加速度是每秒32英尺，甚至最先进的物理学家也未必知道还有地心引力波或重力分子的存在。因此，描述并不是一种充分完整的解释，它只是提供了一种简便有用的表达方法。

长期以来，科学工作不外乎就是分类（即使是数学也是如此），直到今天，许多科学领域仍是如此。在指责这个说法已经过时之前，我们应当先看看这对感知和行为产生了什么影响。描述中精细的差异使我们得以用不同的角度看待事物。在医疗检查还未发达之前，医生必须分辨出血性黄疸（红血球败坏）和阻塞性黄疸（胆管阻塞），前者的小便和粪便都呈白色，后者需要开刀，但开刀对前者无效。因此，正确的区分引导出正确的行动。

在本书的许多地方，我都强调了要对感知做出精确的描述，以表现出细微的差异，因为没有精确的感知，我们就会停留在较宽泛的模式之中，并且无法摆脱这一模式所附带的价值定义。有些人也许会问道，精细的差异描述和古典的分类系统有什么区别，实际上，这两者有时互有重叠，有时存在着巨大的差异。

在区分黄疸的例子中，如果医生说：“这两种都属于黄疸一类的病症，开刀治疗就可以了。”于是，就有许多出血性黄疸的患者接受手术，但这对他们的治疗毫无裨益。根据病人的黄皮肤和黄眼球来判定阻塞性和出血性都属于黄疸症，对病人毫无帮助。的确，两种黄疸会出现一些类似的症状和副作用，而且了解两者之间的相似性也是很有用的，但有共性并不必然说明两者属于同一类别，这是关键的差别。

民间有一些古老的治疗方法就是基于这种错误的判断。然而，要治疗有效，就必须进行精细的差异描述，因为对此有效的不一定对彼有效。

当然，过于细微的区分可能不利于我们看到其间所存在的相似性，这就回到了我们以前谈到过的“调和者”和“分裂者”的问题（调和者总是看到相同点，分裂者总是看到不同点）。

因此，当我们需要摆脱宽泛粗糙的模式定义时，我们就要有更为丰富精细的命名。但当我们需要建立一致性的基础时，我们就要超越精细的命名。如果要为你手中的玻璃杯、掉在空中的玻璃杯和摔碎在地板上的玻璃杯分别命名，我们会很难意识到这些其实都属于同一个过程。而这正是物理学家们在分子物理学中遇到的问题。一岁大的奋力游回原来出生的河流的鲑鱼，被称为“幼鲑”，英国人一般不吃这种鱼，因为他们觉得这种鱼和鲑鱼不同，但法国人却照吃不误，因为他们知道那仍然是鲑鱼，只不过是年幼的鲑鱼而已。

命名是最简单的描述形式。一旦我们进一步运用描述（通常是语言描述，但也不尽然）来创造关于现实世界的模型时，会发生什么呢？我们大部分的努力和传统都付诸于此，因而我们的思考文化也大多建基于语言和描述，但我们必须清醒地意识到语言描述系统的局限性，这一点我在前面“语言”一节已经提到过了。

有人把手杖描述成是由两个部分组成：弯曲的手把和剩下的部分。有人把手杖描述成三个部分：手把、杖身和其间的连接部分。描述有很大的弹性，可以随着传统、感知模式、分析基础与历史背景的不同而不同（如果人们用不同的部分来组合手杖，那么这些部分可能就是形成描述的基础）。

描述是根据语法规则运用词汇来表达的感知，因而描述具有感知的所有优点和缺点，包括绝对真理的不可能性。即使是一句简单的话，比如“我看到盘子上有一个红苹果”，也应该被理解成“在那些情境下和那个时刻，我有一个经验，这个经验最好是描述成我看到盘子上有一个红苹果”。而那个红苹果未必是真苹果，它很有可能是逼真的全息图像，是观察者的幻觉或者是一个苹果模型。

当我们错把描述当作真实情况的模型时，麻烦就来了。语言描述并非模型，它只能衍生出其他的描述。真正的模型应该包括其他的程序（数学的、化学的、神经学的等等），正是基于这些程序行为，我们才能对真实情况做出预测。而在描述性的模型里，我们找不到创造性的东西，里面毫无令人惊奇的事物可言。

正如随机输入的词汇、诗歌或者偶然事件一样，描述可以触发洞见。描述可以呈现新感知的可能性，并使其通过运用而展现价值，从而改变人们原有的感知。描述还可以通过权威肯定、时尚领导、推动流行趋势或者煽动性的字眼（利用形容词、偏颇的感知以及其他机制）来转换人们的价值观。描述并不真的能提供解释或“真理”，相反，它可能通过恰当的循环感知来建立一种信仰意义上的“真理”（比如，缺乏环境保护最终会使人类自取灭亡，所以环保是一件好事，所以任何反对环保的人都必然是自私的、贪婪的，所以……）。

当然，还可能出现最稀奇古怪的描述。你可以把手杖描述成由100个部分组成，其中30个部分构成手把，50个部分在中间，剩余的构成底部。你可以把太阳描述成一辆在空中疾驰的、由四匹不同名字的马拉着的马车。你可以把牛描述成神的化身，也可以把美国所有的国际行为描述成帝国主义行为。显然，在这里，感知、描述和信仰的界限已不复存在。

描述并不困难，于是，人类文明经常被各种颠倒是非、五花八门的描述弄得困惑不已。

然而，只要我们把描述当成是一种感知，而不是严密建立起来的逻辑体系，描述就有着极高的价值。一旦把描述当成感知，我们就会知道描述具备感知的独断性、不可靠性以及依赖特定情境的特性。

那么，在什么时候，一种描述会胜过另一种描述呢？什么时候描述会提供趣味、精神价值或者实用的结果呢？如果你觉得相信UFO的存在很有趣，那你就相信它，但绝不要突然间把它说成是有鼻子有眼的真实事件。如果你觉得一个描述比另一个具有更高的精神价值，那你就接受它，但绝不要企图寻求某种权利把它强加给那些不接受它的人。如果你发现一个描述具有实用价值，那就在此基础上继续开发。

一旦描述变成一种信仰或假设，就会涉及其他的因素，我稍后会谈到这些因素。

描述的主要问题就在于我们急于把它当成真相而非感知。

正如我在本书其他地方提到的，我们能以某种特定的方式去描述事物，并不意味着我们就可以用那种方式来看待事物。但在这里，我似乎暗示的是相反的情形。问题是，描述建基于多重感知，因而它并不比感知更有效。当我们“看见”某件事物时，我们用的是直接简单的感知，而不是稍后建立起来的复杂感知。我们大可以把一个轮子描述成“以等距的方式环绕着轴心转动的点的轨迹”，但当我们看到轮子时，我们看到的就是轮子，而不是那个复杂的描述。

自　然 ▸▸▸

如果你有一种美丽的气质，请无论如何让它自由奔放于诗词、歌曲和悲悯之中。如果你有一个丑陋的灵魂，请无论如何将它禁锢起来。

我们的思考文化一贯认为自然和自由的事物是美好的，不自然和被禁锢的事物是不好的。我们将自然/不自然做出了尖锐的二分法，我稍后会讨论这种作为我们思考习惯之一的二分法。

自然是好的，所以自然的事物是好的，不自然的事物是不好的。然而，在有些时候有些地方，自然却可能是非常残酷，甚至完全自私的。

我们一般会在木头的表面上涂油漆，油漆是人工的，因此把油漆刮掉，木头真正的表面就会显现出来。长期以来，这种求真的方式一直为人们所采用。

伪装、人工和规矩习俗都会因为过度而阻碍事物的发展，因此让我们去除掉所有这些不自然。流行歌曲就反映了这种文化：自由，释放所有的束缚。自从弗洛伊德声名大噪以来，心理治疗风靡世界，只要把一个人的内心挖掘得越深，挖出最深层的创伤，就越可以看见最真实的人。

然而，如果所有这一切都是错误的，如果一个人的表面即是其真实，那么你挖得越深，就越发现最基本而且毫不吸引人的创伤。如果你要拆一幢房子，就会得到一堆毫无意义的残砖废瓦。如果每个人都是自己人生舞台的歌舞总监，如果我们在自己经验和个性基础上建立起来的是真正的自我，那么进行层层剥离所得到的无非是这整个过程的干瘪架构而已。孔子的儒学就并不特别关注西方这种灵魂观，他主张，如果你懂得怎样对待他人、工作和权利，整个社会就会帮助你照料自己的灵魂，而且在任何情况下，正确的思考都会为你带来正确的行动。也许，我们更应该做的是教导人们如何扮演好自己人生的歌舞总监，以及怎样善用创伤，而不是把创口越挖越深。

以上的评论具有挑战性，旨在揭示当我们挑战“自然”这一假设（假设自然就是好的）时，可能发生什么事情。

如果没有发展出运算符号和运算方法，我们与生俱来的数学能力也就无从发挥其功能。自然的人可能是自私自利、嗜血成性的，也可能是甜美宁静、与世无争的。这两种类型都是自然的，而人性也可能滑向其中任何一种。

礼节是人类文明设计出来的润滑剂，专门用于人与人之间在沟通交流时无法依靠亲密感觉和心神相通的情况。如果大家都以手足之情互相友爱，那当然再好不过，但这个说法所强调的重点应该是“友爱”而非手足之情，因为很多兄弟姐妹也会手足相残、互相憎恨。因此，这种说法就好像是在说：如果每件事是美好的，那么每件事都将是美好的。

这种追求自然的流行风尚在某些领域，比如食品和大自然，是不错的，但是要作为一种放诸四海的感知，则具有相当的危险性。

年轻人已经发现逻辑并没有多大的价值，因为在一场辩论中，只要你选定了价值观和感知，那么站在任何一方的立场都可以辩论得同样好，况且他们也见识过一些“逻辑”很好的前辈，其所作所为实在不敢恭维。他们知道，逻辑是无法牵着情绪的鼻子走的，因此，他们远离逻辑，转而尊崇纯自然的情感和感觉。那么，这些情感和感觉是否就是唯一真正的行动指导呢？

在这里，他们犯了一个错，即没能把逻辑和感知区分开来。这个错误是教育本身造成的，因为教育从来没有致力于做出这种区分。

所有的情感都来自于感知。你憎恨某个人，因为那个人与你心中的某个固定模式格格不入，或者因为你觉得那个人的行为令人作呕。感知的改变会导致情绪的改变。有一天，一个青少年监狱里的少年犯站在监狱长背后，准备用手里的锤子敲他的脑袋，因为少年犯非常憎恨他。突然，男孩想起了自己学过的 CoRT 思维课程（尤其是其中关于考虑事情后果的课程 C&S），于是，他耸耸肩，放下锤子然后走开了。他对于监狱长的感知仍然没有改变，但是他对自己行为的感知却改变了。

两个学生在操场上打架，一个劝架者建议双方做一个简单的感知练习，即互相站在对方的立场上考虑（这在 CoRT 思维课程中叫做 OPV）。结果，这场争端立刻烟消云散了。

逻辑把事物冻结到固定的类别之中，而感知却是富于变化的，它可以随着情境的改变而改变。

数 学 ▶▶▶

所有的思考者都曾经为数学的威力和纯粹所倾倒。作为一个建构体系，数学自有其一套真理。数学是最接近桌面逻辑的方法，但是当数学家和概率、方向打交道时，仍然需要大量的感知性技巧。

当我们目眩于数学在技术领域（核能、超音速、电子显微学、登陆月球等）的巨大威力时，应该同时清楚地意识到数学在解决人类事务方面的作用微乎其微。就间接的意义而言，技术变迁，比如计算机和核武器的进步，对人类事务产生了巨大的影响，但是就直接意义而言，对人类事务产生巨大影响的只有统计方法的出现，因为它让社会学研究、意见调查和选举计票更有效率。这样说也许有点夸张，但是其间的差异是显而易见的。

相对而言，数学的范围很有限，因为在实践中，不断会有新的技术设计出来以持续地拓展数学的范围。直到近年来混沌理论出现以前，数学还只能处理线性系统和一些特殊的非线性系统，而混沌理论扩展了许多非线性系统的范围，电脑和语言处理技术则将进一步拓展该范围。虽然一些纯理论数学家一开始蔑视电脑，但使用电脑来进行数学实验（设定、执行、观察实验结果），为数学的发展提供了巨大的潜力。

有一次，我应邀前往剑桥大学数学学会演讲（事后我才知道这次前来听讲的人数之多，创下了有史以来的最高纪录），并和一些从事非常特殊的数学领域研究的学生进行了对话。当时，一个学生告诉我：全世界也许只有六个人懂得他正在研究的是什么。

数学研究一旦起步，就有可能朝着全方位去发展，其中一些会非常专门化。而专门化意味着隔离化，使人们越来越难以跨学科、跨领域进行研究，这就是当今数学发展的一大瓶颈。

我曾经被说成是“不受数学束缚的”数学家，这有一点道理，因为我关注复杂系统中的互动关系，以及以神经网络行为来定义的特殊形态空间内的行为。欧几里得关注二维空间里的线条行为，我关注的是自我组织模式形成系统中的“活动”行为。理论物理学家曾在概念模型中提出理论必须既符合事实又能提供实用性结果，而我就是在试着去修正以往的神经学理论，并设计出实用性结果。

除了统计之外，数学还无法顺利地处理模糊地带、不确定性、复杂的互动系统和不稳定性，尽管数学在这些领域中已经小有进展。

数学的一大重要局限并不在于数学的缺陷，而在于转译的缺陷。我们如何把诸如“公平”、“快乐”之类的诉求转译成某种符号或形式，以便于进行数学处理？我们如何恰到好处地精确定义这之间的转换？虽然数学可以处理概率，因而并不需要绝对的精度，但其间必然需要达成某种共识才行。

也许最终我们应该去除掉一般的语言（因为它是基于多变的感知），这样才能处理基本的事件。例如，我们不再运用“快乐”这样的语言，而改为测量血液中某些化学成分的变化。可是我们是否能够以此办法测量出所有的事件呢？即使我们能做到这一点，整个系统复杂的互动性也将使我们望而却步。

伟大的法国数学家雷内·笛卡儿（笛卡儿坐标因其得名）有一次听到一个故事，故事讲的是阿基米德通过集中太阳光火烧了入侵的罗马战舰。身为数学家的笛卡儿在听到这个故事之后，就指出像这样的军事行动需要一个直径非常大的凹面镜才行，可是在当时的技术条件下，这显然是无法做到的，所以这只是一个非数学专业的一般人才会信以为真的传说罢了。事过50年后，一个法国人到实地进行了实验，证明利用当时的希腊盾牌，也就是平坦的金属片，就可以做到。其中的关键点就在于“镜子”实际上可以用分离不连续的平板金属片来拼凑而成，也就是说，当时的士兵们只要简单地一齐举起盾牌将太阳光反射到同一点，就会得以成功。因此，笛卡儿的数学结果是正确的，但他的假设一开始就是错误的。

1941年，一个叫做坎贝尔的数学家进行了一项研究，其结果显示：若要登陆月球，火箭刚开始就得要有100万吨的重量才行。这样的数学结果是正确的，但如今火箭燃料的技术和分段运输的方法使得登陆月球火箭的重量远轻于此。

多年以来，许多不同的人都宣称他们已经证明人力飞行是不可能的，因为人体无法产生足够的马力使足以运载人体的飞机飞上天。然而最后，我的朋友保罗·麦奎迪却做到了，并因此获得了克拉玛奖。自他证明人力飞行是可行的之后，其他很多人也做到了这一点。之所以如此，是因为一些基本的飞行概念得以改变，而更强更轻的材料也得以出现。

这三个故事都显示出，数学或许有其独到之处，但是它赖以启动的假设、概念和知识却未必如此。

经济学家们乐于用多重连接关系来建立复杂的模型，以模拟现实的经济活动。这些计量模型普遍被认为具有较强的预测功能，例如，如果利率提高一个百分点，整个经济会发生什么变动？然而，这种模型的缺点是，它只能根据我们现有的假设和感知。过去，利率上升可能会打消人们贷款买房的念头，可是如今，随着金融活动的日益复杂，人们的投资渠道日趋增多，利率上升很可能被当作通货膨胀的信号，于是，人们甚至会更多地把钱投资到不受通胀影响的房地产上，从而确保自己的财产保值升值。

如今的经济行为约有70%是受心理和感知的支配，只有30%才是数学和理性的。

因此，我们无需去质疑数学的优越性，我们只需承认数学在处理人类事务方面的作用微乎其微，因为数学的应用领域是有限的，因为要将人类事务转换成确定性的、适宜数学处理的符号是十分困难的。

不是/就是 ▶▶▶

对/错

真/假

有罪/无罪

我们/他们

朋友/敌人

道义/非道义

暴政/自由

民主/独裁

正义/非正义

自然/不自然

文明/野蛮

资本主义者/马克思主义者

从以上的二分法中，可以看出我们日常思考的动力来源。有了二分法，我们便能享有桌面逻辑的快乐和精巧。有了二分法，传统逻辑就和其所想要的建构体系更加接近。或许在我们的经验里自然存在着某些事物，我们也因之有了感知和语言，但与之“相反”的事物则来自于我们刻意的“建构”(construction)，而其含义也与之相反。

遗憾的是，正如我在本书前面部分指出的，大脑不容易把握住一个抽象的相对物，但却可以很快地在经验中找到与之对应的实体。于是，非白色的棋子很快就会被认为是黑色棋子。

只有当两种事物相互对立排斥时，才能真正地应用矛盾律。然而在现实世界中，很难有这种情况发生，于是我们刻意建立起互斥的类别，这就是我们引以为豪的二分法。如果没有二分法，矛盾律和逻辑的确定性将大为削弱。

有人递给你一张画有细格子的纸，就像学校里用的习题纸一样。这个人告诉你，他正在思考这些细小格子中的某一个，要你用是或否的问题来问他，从而找出这个格子来。于是，你在这张纸上画线，将它分成两半，一半叫做A，一半叫做B。你就问：“这个格子属于A吗？”如果答案是“否”，那么这格子一定属于B，因为不可能在别的地方。接着，你把A丢到一边，再把B分为两半，每一半都各给一个代码，然后再重复问前面的问题。直到最后，你肯定会找到这个格子。这一简单策略的重点在于：不论何时，要寻找的格子不是在A就是在非A里，不会有其他的情况，也不会出现同时属于A和B的情况。

在这种二分法的设计下，我们所追求的完全是逻辑的简单性和确定性。如果某事不真，那它必然为假，如果某事不假，那它必然为真。这种极端化排斥了中间地带的存在，而现实中的确有些事物是一部分为真，一部分为假。这种偏颇的感知（“简明的真相”）在人们的感知和新闻媒体中深受欢迎，以至于常常有所报道的事物为真，但所传达的印象为假的情况发生。那么“幻觉”又如何呢？幻觉在当事人自己看来是真的，但在别人看来却是假的。

如果某人无罪，那个人必然是无辜的——我们的法律系统就是这么运作的。正如我先前指出的，苏格兰法庭容许有另一种“未证实”的判决，它可以让人清楚地感觉到：嫌疑人的罪行虽然未获证实，但其可疑度并未减轻。

二分法的极端化使我们对世界的感知变得固定和僵化。如果有人不属于“我们”，那他一定属于“他们”，这使得那些同情双方、采取中立的人没有了容身之处。即使是某些宗教也采取了这种极端化立场：“不赞同我的人必然反对我。”

假如以二分法的眼光来看待民主/独裁的话，任何对民主制度的批评都自动意味着拥护独裁，而这显然毫无根据。再来看道义/非道义，“非道义”这个词携带着一大堆可怕的包袱（狡猾、不可靠、投机、腐败，等等），因此，想提出富于实用主义弹性的主张是不可行的，因为实用主义也是道义的反义词，因而携带着一大堆“非道义”的负面含义。

日本汽车工业的领袖们每天都在他们特殊的俱乐部里共进午餐，相互讨论汽车工业面临的共同问题。然而一旦午餐结束，他们跨出俱乐部的门槛、各走各的路之后，他们就都是相互厮杀的竞争对手，用尽各种行销手段、技术改进、定价策略，等等之能事，企图搞垮对方。对于毫无西方逻辑思考传统的日本人而言，“朋友”和“敌人”两者并不存在非此即彼的矛盾，他们觉得对方亦友亦敌是再自然不过的事情。

这种态度或多或少还可以应用到对/错的二分法上。在日本，有些事情可以是对的，但在某些情况下也是错的。他们不用对/错的概念，而用“合适”的概念：在这种情况下（包括礼节、文化、实用主义等考虑因素）它是否合适？而从勉强合适到完全合适，还存在着极为细微的区分。

在宗教的暴力冲突中，一方很容易视另一方为流氓或罪犯，而另一方则视自己为壮士或英雄。在我们的头脑中，英雄/流氓很难同时并存，但众所周知的是，这些人与一般的罪犯迥然不同，将两者混为一谈是二分法扩大化的结果。

在实践中，我们经常强调某种事物的对立物来强化某个概念。比如，我们对“自由”并不具备强烈清晰的概念，但是我们对专制（逮捕、管制、独断独行、批准，等等）有着强烈而具体的认知。因此，我们把自由作为专制的对立面。这样做自有其道理，但可惜的是，它并不能具体地告诉我们自由究竟是什么？那么，责任是什么？执照又是什么？如果我把酸定义成甜的对立面，我并不能确切地知道酸究竟是什么味道，而只能简单地把所有“非甜”的食品称为“酸”。

因此，二分法把一种错误而又尖锐的极端化强加给世界，而不容许任何中间地带的存在。模式的“流域”和“中心化”特质确保了事物之间只存在微小的差别，但二分法的极端化却将这种差别扩大到无限大，不把对方辨认成敌对阵营，就不敢在认识上越雷池半步。不难看出，这种传统思维是如何导致了迫害、战争、冲突等等的发生。当我们把它付诸运用于辩证逻辑、争论以及进化冲突的信仰之中时，我们得到的是一个问题百出的思维系统。

既然大脑很难用抽象的方式来记住相反物，我们很快就会把经验中的其他事物贴上“相反物”的标签，于是，“非朋友”就变成了“敌人”，并负担起“敌人”所蕴含的所有负面含义。

二分法早已成为传统的桌面逻辑的基本要素（这样才能将矛盾律运用自如），它旨在寻求建构系统的确定性，并使我们的感知变得僵化、扭曲。

绝对性 ▶▶▶

我们显然渴望绝对性、确定性和真理。有因感情需要而存在的真理，有作为努力目标而存在的真理，有因社会运作需要而存在的实用性真理，有因逻辑推导而存在的真理，有因定义宇宙而存在的真理，还有有时被称为是内在的真理。

在一些宗教国家，战士要在战场上无畏杀敌，就必须让他们确切地明白：战死在战场上是可以立即升入天堂的。实际上，将自己的一生奉献给神和宗教的人们需要对他们所从事的事情怀着一种信念和确定。升入天堂后所得到报偿并不是宗教信仰的唯一理由，因为有宗教信仰的生活本身就足以令人满足（它给人们带来价值、任务和成就）。宗教赋予生活意义和目的，提供现世的价值观和决定框架，当日复一日的日常生活令人迷惘时，宗教提供了一种稳定的超系统（meta-system）。宗教是帮助人们摆脱短暂满足、寻求长期稳定的最强有力的概念。

很多时候，宗教的绝对性会与实用主义的需要发生冲突，有的宗教反对节育就是一例。但很多妇女却采取了节育的方法，而且调查显示，在第三世界里，大多数妇女想少生孩子，因为在一些地区已经出现了人口过剩的现象。然而有的宗教依然恪守着不得阻挠自然性交结果的绝对信条。其实它完全知道这一信条为其信徒带来的麻烦，但是绝对的信条是不可改变的。实际上，不得根据实际情况来改变信条，正证明了宗教是以绝对的真理为基础，而绝非一时的权宜之计。

正如我在前面指出的，信仰系统是真理及其绝对性的有力来源。我们的大脑很容易接受信仰，而我们之所以渴求信仰，更多的是大脑的循环行为所致，而不是因为信仰本身是真实的。然而无论如何，尽管有数不胜数的信仰是虚假的，但真实信仰仍然可能存在，这就像许多被认为是画家达利的作品虽然最后都被证实为赝品，但仍然不能证明达利从未画过画一样。

实际上，主要的问题在于有人企图将某种特定的信仰强加在其他拥有不同信仰的人身上，而这正是“真理”具有侵略性的本质，它在历史上引发过无数问题。可是，有多大的必要非得向别人证明你拥有真理，才能令你自己信服呢？

把真理当成一种目标，这是一种很强烈的动机。我们可能永远不会说自己已达到真理的境界，而是一直在朝着真理的方向前进，这正是科学和数学背后的首要动机。我们在指南针的引导下前行，就好像朝北航行的船永远到不了北极一样。从某种意义上来说，把真理当成目标与宗教信仰的建构性和确定性相违背，然而大部分宗教实际上都在强调人们应朝着极乐世界（比如佛教、印度教）或者自我完善（比如天主教、新教）前进。

真理是一种极具威力的动力，而且从理论上来说，真理防止了我们的自满和傲慢。但实际上，科学界中的任何一个人都清楚，凡是在前进路程上稍微超前的人对落后一步的人都会嗤之以鼻。

我们需要绝对性和真理以实用的方式运作社会。即使我们对这些绝对性心存怀疑，我们也要相信它们，因为我们可以预见到：缺乏绝对性的社会将是一片混乱。例如，我们希望法律基于绝对的原则，并绝对地予以实施。不然的话，我们将依据什么来做出决定呢？我们担心，如果没有绝对性，所有的决定权都将落于权力、贪婪或者派系利益之手（当然，在民主国家也会发生这些事情，只不过所花的时间更长）。我们对公平正义的信仰隐含着一个绝对性的前提，而这些绝对性都被转换到法律之中，并且法律是可以按照适当的程序来加以改进的。

虽然我们相信绝对性，但我们以更为实用的方式来运用它们。例如，每个人都有选择自己想要的东西的自由（即便有些“精英”认为自由选择权有害），但是对于毒品，显然就应该严格限制这种自由。美国每年因为吸毒而导致死亡的人数有一万人左右，而因为与吸烟有关的疾病致死的人据说有 32 万人，然而基于历史的和实际的考虑因素，很难对此采取更严厉的措施。

对于任何一种绝对性的系统来说，对绝对性的信仰和操作绝对性的能力之间普遍存在着一些差距，比如，并非所有的宗教信徒都能在行为上做到和他们的信仰一样虔诚。

传统的桌面逻辑只能处理绝对性和确定性，这也是我们旨在寻找和建立的。我们设立了泾渭分明的类别，我们需要用“所有”、“每一个”和“没有”之类的词汇来对绝对性进行逻辑表达，然而一旦运用“一些”、“大概”或者“也许”之类的词汇时，所谓的绝对性就会自行崩溃，而我们也将发现自己从单一的确定性转向了丰富多样的可能性。因此，我们把感知的结果连带着它本身的谬误进行了塑造，使之形成了僵化的语言。我们还创造了一致原则“是”、矛盾原则和二分法。哪怕现实世界运行的结果与绝对性不一致，我们也仍然需要判断和确定性来指导自己的行为。

欧几里得的几何学一直被认为是一种归纳推理的严谨系统，从一些基本的公理，就可以建构出线条和平面的一系列复杂行为。然而，在平面以外，欧几里得的几何学就不再适用，例如，球面上的两条平行线就会相交（地球的经线会在两极处相交），三角形的三角之和也会超过 180 度（任意两条经线与赤道相交成 90 度，但仍然在极点相交成另一角度）。所以，欧几里得的逻辑系统是否行得通，全要看他所定义的“世界”是怎样的，而公理正是来自于他对世界的定义，这些公理本身在逻辑系统内是无法证明的（这是 Godel 的贡献）。

同样，也正是通过对人类思想和行为的世界进行了定义，我们才获得了绝对性。例如，“自由意志”这一概念是如此绝对，没有了它，宗教和法律系统将支离破碎，而我们的选举系统和政府治理也将解体。过去数年来，一直存在着一种趋势，即用绝对的人权和价值来定义这个世界，而这些权利和价值往往超越了所有的信仰和行为系统。在所定义的世界中，我们对绝对性是绝对需要的。如果我们放弃了绝对性，整个世界又将不同了。

最后，我们来讨论一下柏拉图关于绝对性的理论，这个理论成了人类文明为自身一些傲慢行为进行辩护的挡箭牌。柏拉图认为，世界上存在着绝对性，当我们看到某个具体事物时，这个事物正是某种绝对性的反映。用脑神经科学的术语来说，经验可以建立起某种普遍性的模式，使我们能够感知到具有这种普遍性模式的物体。其中的基本原理在于，既有的感知会决定未来的感知。大脑中也许存在一些固有的行为（比如“因果关系”，以及康德的类别规则），这些固有的行为来自于脑神经行为，但大脑的其他行为则来自于某一时点的经验。我们之所以相信柏拉图关于绝对性的理论，一个明显的理由就是我们可以把语言视为一种建构系统，当语言无法反映真实世界的时候，我们就简单地反过来说真实世界不足以反映绝对性，所以我们才会无法看清事实。这就是真实世界本应有的面目，而我们现在就应该开始用这种方式来看待真实世界，如果你做不到这一点，你就注定要失败。然而，真实的世界本应是完整无缺的。

这些绝对性和真理的不同运用，是怎样和我们刚开始了解的感知行为相互影响的呢？信仰系统的感知循环显示出，信仰很容易在人们的大脑中建立起来，而一旦建立之后，又很难对它进行改变（当然不是借由逻辑），人们也很难再以分清真伪。

如果要把真理当作目标，我们就应该清楚地知道：在迈向真理的路程中，并不一定每一步都必然向前，有时我们可以从既定的事物中后退一步，看看能不能在继续前进之前先改变范式。

如果出于实用的考虑，需要绝对的真理来运营社会，我们可以认可这一目标，并通过设计来寻求更好的方式以达到这些目标。在历史上，这曾使我们进一步远离了神圣的王权。

如果我们需要绝对性来运作传统的桌面逻辑系统，就必须留意我在本书中多次提到过的有关于此的重点，尤其是要注意那些错误的二分法。

如果要用绝对性来定义任何一种世界，我们必须留意不要以一种一成不变的方式来定义我们所知的世界，以至于使世界再难以产生任何变化。如果我们用非常具体的方式建构范式，我们将来就会更久地受这个范式的支配。

至于柏拉图式的绝对性，我们应该予以舍弃，因为它使我们将语言视为一种建构系统，并通过这种系统来看待世界，从而迫使我们的感知只看到我们想看到的。

在我写的一本书《快乐的思考法》中，我提出在西方的绝对性（这对技术进步有益）和东方的虚幻感之间，我们应该设立一种“原真”（proto-truth），原真意味着只要我们努力试着改变，它就会被视为绝对真理。这就像科学上的假说，它被认为是真的，但往往是不成立的。这就使我们自由地建立起真理的可靠性和基础。

绝对性的主要问题在于宣称它不因环境的改变而改变，然而，我们知道感知是高度依赖于环境的。有没有可能考虑到这种环境的依赖性而建立起一种通往逻辑的路径呢？我相信我们是可以朝着这个方向前进的，而且我在本书后面也会介绍一个概念“导径”（hodics）（从希腊字“路”而来）。在导径这个概念中，中心词不是“is”而是“to”。

争论和冲突 ►►►

我们喜欢争论，我们被教导要与人争论，而且所有的政治、法律和科学系统都直接地建基于争论。那么，这种对争论的偏好从何而来？它又是如何延续至今的呢？这种低效率的系统是如何一直禁锢着我们的智慧和能量的呢？

对于争论，最好的评价莫过于争论者被激励着去考察所争论的事物。我想重点说说“激励”和“考察”。

没有争论，我们可能只会听到偏于一党之私的片面之词，这与新闻媒体的偏颇言论如出一辙，甚至更糟。因此，我们需要进行丰富多样的考察，而让某人扮演特殊角色提出反面意见无疑就是一个很好的办法。

在审判异教徒的法庭上，如果没有人去质疑控诉方，而只单单谴责异教徒，将是十分不公平、难以服众的。因此，需要特别指定某人去当“魔鬼的辩护”，以执行质疑的角色。也有人会略带嘲讽地说：除非被攻击的异教徒学识渊博，否则正统教派在辩论时的逻辑威力就无法展示出来。

在审判法庭上，攻击的角色由原告扮演，辩护的角色则由被告的律师来扮演。双方都在各种激励（职业尊严、报酬、声誉等等）下各显神通、各尽其责。两党政治的情况也是如此。于是，有了相互争论，双方都被激励着去考察本来不会去考察的事物。

现在我们再来看看“考察”这一概念，我们会发现，激励抑制了考察。如果辩方律师想到一个很重要的论点，但这个论点违背被告的利益，那他是否会将它陈述出来呢？假如在野党看得出执政党的施政优点，他们是否会认同并以此为基础提出施政建议呢？实际上，出于“激励”动机而设置的双方角色反而会阻挠对事物的真正“考察”。一旦人们被赋予“攻击”和“防卫”的角色时，他们就会以牺牲真正考察的方式来捍卫自己的角色。于是，我们不得不认为“攻击和防卫”本身是最好的考察方式，但事实并不然。

对争论最猛烈的批评，莫过于指出它耗费了人们大量的时间，只有中等智商的人才会觉得它是一种有效的智力活动。争论看起来的确是一种吸引人的智力活动，因为它总能说出些东西。在前面的内容里，我曾指出批判性思考是精神活动（选择感知、价值观、参考框架、攻击论点等）中最简单易行的一种活动。正因为我们忙于这种智力活动，所以我们喜欢辩论。

从柏拉图记载的苏格拉底的对话习惯来看，它比起那些有奴隶和主妇代为劳动、自己不用工作的有钱古希腊人的空泛讨论而言，已是一大进步。和漫无目标的讨论相比，争论当然显得更为集中、更为有趣。最后，争论变成了一种嗜好和流行技巧，甚至很多人（巧辩家）都被聘请到宫廷中教授辩论技巧，就像我现在有时受公司邀请去向高层管理人员传授水平思考的技巧一样。

在文艺复兴时代的早期，许多神学家和学院派哲学家（如圣·托马斯·阿奎那）都兴致勃勃地养成了这种严谨的辩论习惯，他们乐于从亚里士多德、柏拉图、苏格拉底以及其他思想家的行径中发掘出严谨有力的方法，以证明异教徒是大错特错的。他们所要做的只是说服异教徒也来玩相同的游戏，而异教徒们也欣然采用，因为他们相信自己可以用这个游戏来激怒教会，而他们有几次也几乎达成了这样的目的（教派的大佬们除外）——他们在最后时刻甩出一张王牌，就像圣·奥古斯丁的“神圣恩典”一样。

现在，好辩的神学家们的立场比古希腊时代的要坚固多了，因为如今的语言和神学概念更加接近于“建构系统”。“神”、“完美”、“自由意志”等概念可以得到精确的定义，而且不必与现实相吻合。但在苏格拉底的时代，即使是辩论勇气的本质，也必须不断援引现实生活中的例子以及对勇气的实际感受。因此，经由教会对大学、研讨会以及各级学校的影响，争论这一习惯变成了西方思维的核心，并最终作为一种制度渗透到法律和政治系统之中。

有趣的是，一些非教会思想家和人道主义者也觉得辩论优越于其他任何一种模式。因此，不论是教会攻击异教徒，还是人道主义者质疑教会，都采取了相同的方式。

除了激励、耗费时间和让人们觉得有智力成就感以外，争论还有其他一些目的。争论可以被用来指出事实的错误，比如，每年因车祸丧生的人数不是9万人，而是20万人。争论也可以被用来指出内在逻辑的错误或不一致，比如，某些逻辑并不必然得出某些结论，某些事物只有在特定的情况下才为真。通过不断地转移注意焦点，争论还可以激励人们更为全面地考察事物。在争论中，人们可以显示出某个层面是错误的，因而整个结构是错误的，从而驳倒一个实例（或者表明提出这个主张的人是个傻瓜）。争论可以将不同的价值观和不同的经验展现出来，从而使我们将预测的结果和其他可能的结果进行比较（比如，在通货膨胀的影响下，人们的钱是会花得更多，还是存得更多?）。

在最后的情况下，争论可以达到很多这些目的。但在最差和一般的情况下，争论都是把火力集中在证明另一方的观点是错误的、提出某个论点的人是愚不可及、自私自利的。即使是在科学领域，也极少有重大进步来源于争论，因为争论必须在相同的参考框架和范式中进行，否则双方将无法理解彼此的观点，甚至认为对方是疯子，自己不过是在对牛弹琴。因此，要在争论中改变范式是极不可能的，争论只是意味着在现有的范式中清除杂物，它根本不涉及范式的转换。

同样的道理，感知和信仰也不会因为争论而改变，因为各人感知和信仰的最初框架就是不一样的。这就好像一个透过玫瑰色玻璃看世界的人无法被一个透过一般玻璃看世界的人说服，转而相信世界不是玫瑰色的一样。

因此，争论充其量只有有限的价值，但其缺点却相当可观。

在争论中，既存在着敌对的立场，也存在着不同的角色扮演（所以争论的结果是破坏性的，就像在离婚诉讼中那样），既存在着极端化，也存在着取代真正考察的输/赢衡量。争论几乎把所有的时间都耗费在攻击和防御当中，而不会致力于设计建设性的解决方案。输/赢意味着仍然停留在原地一较高下，而创造性的设计则意味着设计出新的位置，从而提供给双方真正的价值（在我早期的著作《冲突》一书中，我探讨过其中一些问题）。这种新价值的创造常常被称为双赢，而不是输/赢。

如果我们必须放弃争论的话，我们又用什么来替代它呢？答案是“考察”。

很多国家的法庭制度已经开始采行这样一种运作基础：考察整个情况。荷兰的法律系统从未采用过陪审制，而只由三个评判人来考察整个案件，他们有一套强有力的技巧来进行建设性的考察。我专门为学校教育设计的、现在已在世界范围内广泛采用的 CoRT 思维课程就是建立在考察感知的基础上，它提供了各种不同“指引点”（compass points）作为考察的方向。如果我们让自己的大脑勤加练习和发展建设性考察技巧的话，我们将十分擅长于有效的考察。

然而，现实生活中存在各种不同的价值判断、观点和感知，一个考察系统如何能将所有这些涵盖进来呢？

一些国家，比如日本，从未有过西方式辩论的文化背景，也发展出了自己的系统。在日本，人们并不把信息和价值判断作为论点提出来，而只是把它们作为一种输入，最后，将各种输入汇合起来，再得出决策或结论。西方的商务人士经常向我抱怨，说他们每次和日本人开会，日本人一开始都表现得十分保守，从不轻易答应任何事情，由于西方人早已习惯于辩论，所以在这种情况下，他们无法深入了解任何事情并发表见解。但事实上，日本人并不保守，他们只不过认为还不到时候表达具体的想法，只有到了最后，他们才会把具体的意见表达出来。

不同的观点、不同的价值判断和不同的方案都可以在会议桌上摆出来，然后大家相互比较，甚至合并折中。当你准备开车去旅行时，你会把地图摊开来，看看有哪些路线可以选择。虽然地图上有很多路线可供选择，但有的路线适合在夏天使用，有的路线适合在交通高峰期使用，有的路线则有美丽的景色供你沿途欣赏。到最后，你不是选择其中一条路线，就是折中采取合并路线。

这种把所有选择平行地摆列出来一一检视的方法，完全不同于非得争出个我“对”你“错”的辩论。争论的基本态度起源于宗教纷争、法庭上有罪/无罪的判定以及认为不可能双方同时正确（矛盾律）的桌面逻辑。

由上不难看出，争论的习惯是如何养成，而我们又为什么如此错误地倚重这一习惯。事实上，社会经常受到争论习惯的双重危害，因为许多律师会步入政途，把他们的辩论习惯一并带进国会，而国会也已经在辩论的基础上运作起来。

争论并不完全相同于我们的另一种思考习惯——“冲突”。很多文化都有着传统的对立元素，例如在印度文化中，Vishna代表创造，而Shiva代表毁灭；在中国文化里，有阴与阳的区分；在基督教文化里（受到摩尼教的影响），有善与恶的冲突；在马克思主义中，有资产阶级和劳动阶级的斗争以及辩证唯物主义的思想。此外，还有黑格尔的冲突论、达尔文的进化论，希腊思想的正论、反论和综合论。我们对这些冲突赋予了神秘的含义，也许这些冲突正反映了人类早期的部落斗争和后来的“光荣圣战”等经验。

然而，“冲突”应该是什么呢？可以肯定的是，新的攻击可能征服或者取代旧的秩序，这也是革命或者战争的应有之义。经过冲突后的混乱，新的秩序得以诞生，犹如浴血凤凰一般。但这只是一种美好的愿望，而不是历史的事实。打碎旧世界、创造新世界的强烈动机固然为我们带来了美好的梦想，但这种美梦很少成真，大多数时候，它只不过是让某个权力集团乘虚而入、掌控一切，结果就是一场众人为独夫而战的革命。有的时候，战斗双方会合而为一，但这种情况绝少出现，因为每一方都坚持势不两立的态度，即使有暂时性的合作，但只要一方发现有机可乘、可以单独掌控局面，合作就会立即结束。尽管如此，我们仍然坚持把这种冲突的概念作为进步的基础。

在我数次访问俄罗斯之后，我开始相信公开化和改革这两项运动是真实有力的，然而，我担心这种辩证唯物主义的传统会坚持只有破坏旧世界才能创造新世界的思路。当然，要获取更大的进步，就必须先去除掉一些东西，但这只是整个程序中的一半而已。程序的另一半则必须仰赖于精心策划以及富于建设性和创造性的设计，这就好比在旧车上修修补补并不能代表设计出了一辆新车。辩证习惯可能使改革最终沦为一场自我毁灭的批判运动，而进行批判的人则感到这些就是需要他们做出的唯一贡献。

从感知的角度来说，冲突可能是一种获取焦点、方向和激励的方法。然而，这种方法缺乏创造性和建设性的元素。这种以冲突来激发创造的创造性张力（creative tension）概念只是一个抽象的哲学概念，它并不存在于模式形成系统之中（而是来自于机械系统)。

由上可见，多种因素综合到一起，导致我们形成了争论和冲突的基本习惯。这些因素有传统逻辑、真理和矛盾，有中世纪神学家为达到其目的而急于接受的古希腊的论证习惯，也有辩论在法律、政治和科学领域中制度化的结果。

就形成冲突习惯的因素而言，则包括以冲突为基础的文化传统，以及政治现实中的真实经验，这些经验融入哲学系统当中，为革命提供了正当依据。

最重要的是，我们之所以继续坚持这种缺乏效率的思考习惯，是因为参与其中的人乐在其中，而不肯在设计（或接受）更有效率的思考方法上多花心思。

信　仰

有一位妇女推着车在路上走着，车里坐着她三岁和五岁的小孩，一个熟人迎面走来，看着她的小孩说道：

“他们长得真漂亮呀!”

“哦，还不算漂亮，”这位妈妈回答道，“你应该看看他们的照片，那才真的漂亮呢!”

有时我在演讲中会提到这个小故事，听众们都会觉得这位妈妈居然认为照片比真人更重要简直是荒唐可笑。接着，我就继续解释我的观点。当你看到照片时，你会看到漂亮的景象，它们永远是漂亮的（在一定的年限内），但孩子们会长大，会变化。当你看到真的小孩时，他们可能在笑、在哭、在闹，但照片却永远留下美丽的瞬间。也许小孩存在的目的，不过是为了创造出一些美丽的照片罢了。

这个观点看似荒诞不经、骇人听闻，但其实不然。生命的目的或许就在于创造一些美丽而永恒的故事，而这正是我们所要去享受的，日复一日的现实生活只不过是为了给这些故事提供养分。虽然这些故事和信仰都很简单而且常常是错误的、不可能实现的，但它们对感知系统来说却可能是真实的，它们为我们的生命提供了美、意义、价值、安慰、安全和情感的动力。不过，信仰也会阻挡进步，它不仅在过去导致人类遭受了许多磨难，而且使人类消极地接受了许多本应改变的事物。

在本书的许多地方，我都提到了信仰，在这里，我不想重复我已经讲过的，因此，我只是做一个小结。

信仰是一种以特定方式引导我们看世界的感知框架，而我们看世界的方式又会强化信仰。这种循环是自我组织模式形成系统的一个自然功能，因此，信仰很容易形成。在你的一生中，只要你的手指被火烫过一次，你的信仰系统就会因此启动。你对火的恐惧不是来自于对经验重复的归纳，而是来自于那一瞬间的痛楚，而这种被创造出来的信仰会让你永生难忘，不会反其道而行之。就这样，循环便得以建立了。

科　学 ▶▶▶

“是他做的！”

“不，是她做的！”

“是他！”

“我知道是谁做的，但我不会说出来。”

幼儿园的一个花瓶被打翻了，摔碎在地上。小朋友们七嘴八舌地争论起来，搞得老师弄不清事情究竟是怎么发生的，老师可能想要找出是谁做的，也可能不会。

这正反映了科学的本质：某件事情发生了，运用“因果关系”进行思考，就知道事出有因，于是，我们着手寻找原因。在幼儿园的例子里，老师可能心里怀疑是谁做的，在科学上，这种怀疑就是假说。科学致力于辨认和找出原因。找出原因有许多用处：你可以由此了解事情的原委，可以一一进行调查，还可以去除掉原因。

我在本书一再强调过信仰很容易在自我组织的模式形成系统中建立起来。这种轻而易举建立起来的信仰系统使我们可以解释世界（即使我们手里没有多少信息数据），就像日益长大的孩子逐渐了解世界一样。这种信仰系统尤其在解释疾病发生的原因方面威力无穷。

“疟疾”一词源自罗马地区，我们称为疟疾的病症在当时意指“瘴气”，因为当时人们认为这种病是由于沼泽地带的瘴气造成的。后来运用科学调查的方式，我们对疟疾的病因认识才逐渐从瘴气、蚊子叮咬发展到最后的蚊子体内的寄生虫。

在医学内部，有很多一直被信以为真但现在被推翻的事情。过去一度流行一种放血治疗，即把病人的血放出来一部分。这种方法常被滥用（因为人们相信血放得越多越好），以至于一些病人几乎死于这种治疗方式。也许在将来会重新采用这种方法，这可能是因为我们发现放血可以刺激骨髓产生红血球和保护身体的白血球，可能是因为放血可以刺激肾上腺素的分泌，或者刺激大脑产生具有激发作用的荷尔蒙。

在医疗知识尚不健全的时代，阿司匹林（萃取自柳树皮）和毛地黄素（萃取自毛地黄）是治疗心脏衰竭极具疗效的治疗方法，对它们的认可是从民间经验逐渐转换为医学信仰的。爱德华·杰纳之所以能使用牛痘来预防天花，也是因为他曾经进行了敏锐的观察，才将这种病症驱逐出世界。

凡此种种都证明了科学的威力与贡献，使科学看起来无懈可击，但事实并非如此。

科学起源于对迷信和民间信仰的反动，也因此，科学将所有的迷信和民间信仰视为非理性。例如，中国传统的针灸看似荒诞无稽，但可以阻碍大脑产生恩多芬（endorphins）的化学药物纳洛酮（naloxone）会削弱针灸疗效，这表明大脑可能产生恩多芬是有理性依据的。近年来，科学界开始调查一些民间疗法的科学性，虽然大部分民间疗法荒诞无稽，但这并不表示它们全部都没有科学根据。

导致我们辨认和找出原因的“因果关系”定律是强大无比的。但是在复杂的互动式系统中，由于整个网络的因素盘根错节，因果关系的威力便大为削弱，因为在把事物分解成细小部分的时候，可能会遗漏掉因整体基础而出现的原因。

很多科学家深信，只有进行资料分析才能产生有用的想法。其实不然，正如我前面讲过的原因：我们只会用先前既定的观念来分析处理资料，例如简单的相关性等等。一般而言，科学训练不太强调如何提出假说。如果所有受过训练的科学家都更富于想象力、创造力，提出更多假说的话，人类科学会进展得更快。假说不仅是我们借以处理资料的框架，也是我们将资料进行建构的平台。科学不仅仅是分析，而且也是创造——尤其是在创造假说和设计实验方面。

试着提出单一的最合理的假说，然后致力于将其推翻（这就是卡尔·波普关于证伪的科学观），这种方法就感知而言是有缺陷的。因为一旦我们拥有了单一的最合理的假说，我们就只能通过这个假说来分析处理资料，要想从另外的角度来处理资料，最少也需要另一个假说的出现（不论这个假说是多么荒诞疯狂）。除非我们的视野完全受到旧假说的蒙蔽，有时在回顾旧资料时，我们会发现早就应该发现的新结论，之所以如此，正是因为这种单一假设的科学传统在作祟。

托马斯·库恩在 1962 年就对范式转换的困难性做出过精湛的讨论。科学家们常常受困于单一的方式来处理事物，他们拒绝做出任何改变既有观点的努力，直到最近这种态度才不得不有所改变。这就像科学家们从来不去学跳舞，只是站在舞池中一直拖着碎步前进而已。然而，感知系统不仅需要我们努力向前走，有时也需要我们退后走，就好像跳舞一样。

很多次，尤其是在社会科学领域中，当我们自以为证据确凿、得出定论时，其实只不过是缺乏想象力、无法提出其他的解释和可能性而已。这么说似乎是要为各式各样疯狂怪异的想法敞开大门，但当我们关上这扇大门时，切记不要把那些我们还没有想象到的可能性也拒之门外。

科学通常处理的是简化、估测以及一些线性系统，但对于非线性系统以及复杂的互动式系统，科学就无法长袖善舞了。这时，我们可以借助具有较好能力的电脑来处理这些系统。

在科学上，我们测量可以测量的东西，而忽略那些没有能力测量的东西。我们自己建立了一种智商测试，然后说它非常有效，但是却没有一个方法可以测量一个人能把钢琴弹得多好，我们并没有一套测量复杂表现的方法，于是，我们忽略表现力这种事，只是按照标准问卷上的题目来评估教育的成果。

大部分这些错误都起源于我们太过于用科学性和逻辑性来衡量科学。然而实际上，科学还包含创造、想象、诗意等更多的因素，因为科学不仅具有分析性，而且也具有感知性。如今，在数学和物理等领域，已经开始意识到这一点。

在我们可以使用既有工具（比如辨别原因）的科学领域，我们的确成就斐然，但我们现在需要发展更进一步的科学风格，说不定这已经在发展之中了。

创造力 ▶▶▶

在文化传统上，即使我们知道文明进步有赖于创造，我们也在创造力方面着力甚少。有很多原因导致这种情况发生。

我们对桌面逻辑、科学和数学的信仰使我们深信所有的进步都来自于一步一步稳定合理的发展，而每一步都合理地建基于前一步。然而，科学的发展史却证明事实并非如此。那么，我们为什么会有这种迷信呢？

每一个有价值的创意在事后看起来都是合乎逻辑的（否则我们就无法欣赏其价值了）。因此，一旦创意出炉，我们就坚持说它是经过一步一步的推导而得来的。所有经由洞见、偶然的机遇或错误而迸发的珍贵灵感，都经常必须以科学性的说明方式来展现，好像它们都是历经严谨的逻辑推导、按部就班而来的，否则这篇论文就无法公之于世了。例如，李·德·弗莱斯特发明的三级真空管（这是建立当今所有电子学的基础），其实是来自一个完全错误的想法（他相信放电会喷出火花），然而，经过后见之明的阐述，这个发明却被按部就班的逻辑呈现了出来。因此，我们一直否定了创造力的存在，而坚称只要通过适当的逻辑推演，最后仍可以得到同样的创意，或者说只要具备较强的逻辑能力，也完全可以得出创意。

我们知道，不论是否得到鼓励，天才的发明家们都会始终坚持创造下去。我们也知道，单靠努力也造就不出这样的天才。于是，我们就不在创造力方面下工夫，而是满足于让它自然发生，就像期待物种自然突变一样。

其实，我们之所以在创造力方面努力甚微，真正的原因很简单，那就是我们对它知之甚少。我们一直不了解整个创意形成的过程，而以消极的信息系统和桌面逻辑根本不可能一窥创造力的堂奥。因此，这种系统是不利的，只有当我们转而跳入非对称性的自我组织模式形成系统（这是我们尚未做到的），创造力才变得简单易懂。只要处于错误的系统之中，不管我们怎样努力，我们都不会理解创造力。

正如前面介绍的，在自我组织的模式形成系统中，激发是完全符合逻辑的。漫无目的地玩耍也是一种激发的方式，只不过我们一直没有赋予玩耍正当的价值和地位。因偶然的机遇、意外的事件或错误而产生的创意（抗生素、可的松、巴斯德的免疫法、尼龙、X 光、胶片，等等）实质上都来自于激发。一旦我们了解了这个系统，我们就可以学会如何有意识地进行激发、得出创意。激发在我们现有的框架中是找不到的，从激发本身的定义来看，在没有显现出效果之前它是毫无逻辑基础的。

“创造”一词的滥用阻碍了我们对创造力的真正理解，因为我们在各个不同的领域（贝多芬的交响乐、毕加索的绘画、克拉克·麦克斯韦尔的电磁理论等等）寻找一致的行为模式。以后见之明的方式来描述行为，无助于我们了解真正发生的过程，正因如此，我们才需要发明水平思考这个概念来描述自我组织模式形成系统的特殊行为。

有人认为，人们与生俱来就有创造力，只不过由于传统的逻辑文化、害怕自己显得傻，以及倾向于立刻做出判断的习惯等原因，使创造力受到了束缚而已。因此，解除这些束缚就会使我们更富于创造性，使我们回归自然的创造力。这就是阿历克斯·奥斯本在广告界提出“头脑风暴”的认识背景。在某些层面上，这种方法使我们把注意力集中在创造力上，但是把创造力说成只需去除掉束缚就可以得到，却是有害的。实际上，头脑风暴在广告界里有一定作用，但在其他领域却没有多大价值。

解除束缚确实可以增加一些创造力，但增加得很有限。创造（从改变感知和概念的水平思考角度来说）并不是一个自然的过程，大脑的自然过程是形成模式并运用模式，而不是在模式之间水平跨越。因此，我们要做的远远不止“解除束缚”。

还有人把创造力当作一种“暗箱”，即我们只需双手一摊，说创造力是一种直觉、潜意识、情绪和天赋，简言之，创造力就是这么发生了，我们毫无插手的余地。

通过对概念和感知的组织性质做一个简单的了解，我们就会知道进步并非来自于按部就班的逻辑推导，我们完全可以有意识地运用激发、随机输入等方法来催生出一系列的创意。这一点都不神秘，只要摆脱消极的信息系统和桌面逻辑，我们就可以做到。

历 史

历史是无穷无尽的，我们每天都在创造历史，并对过去的历史有着日益深刻的理解（通过研究、考古、磁性判定法等），并且还可以评论很多历史评论家。从文化传承来说，我们一直受困于历史，以致整个文化有时看起来像是“遗体文化”。

历史是令人满意的，因为它就摆在那儿供我们探索了解，而不确定的实验、没有解答出来的数学谜题，或者人们的诅咒也并没有被载入历史。如果你展开历史研究，你肯定会得出一个合理的结论（选择某种立场作为前提）。历史是非技术性的，因此那些着重研究的人不喜欢数学或科学（数学现在已经充斥了科学领域），而喜欢可以研究的领域。

然而，有更多的理由可以说明，那些主张文明就是文化、文化就是历史的人的态度有时是十分极端的。基本上，我们的祖先已经为我们定位了——就好像西班牙贵族家谱上的排名一样。

我们曾经可以依靠回顾过去来获得科学、数学、哲学、文学及其他领域的进步，这个时代就是文艺复兴时代。那时，人们回顾学习希腊人的文明思考、罗马的行政制度以及希腊的文学，从而向前迈进了一大步，而阿拉伯人的科学与数学（符号和零的概念）也对我们大有助益。

那是一个依赖过去就能获取进步的非常时期，那时，学者和研究开始获得崇高地位，演说、学习开始盛行，大学开始陆续设立，而在此之前，是教会独裁的黑暗世纪。因此，历史研究作为当时极具价值的习惯，逐渐牢固地变成了人们思考传统的主轴。而这一习惯一旦建立，就不断有人为其辩护，我下面就会讨论这一点。

有人说，不懂得历史就会重蹈历史的覆辙。这句话虽有一定的道理，但也有一定的危害，因为世界一直在快速地改变着。在大英帝国时期，要建立从英格兰到印度的联系，得花数天的时间，而现在只需数秒。从前要派士兵大老远地去作战，如今在你家后院就可能发射飞行导弹进行攻击。现在，有了民主政治和传播媒体，人民也不会再像过去那样轻易地受十字军东征的鼓动。所以，历史的教训看来不一定切合现代的情况，甚至可能会对今人产生误导。

当然，有人会反驳说，历史并不是事件的历史，而是人的历史——而基本的人性是从来没有改变的。历史是唯一可以观察“人类行为”的实验室，因此，只要人性不变，我们从历史上得到的教训足以资借鉴（比如，从张伯伦和慕尼黑的事例，就证明“怀柔”政策是无效的）。人性或许是基本不变的，但人性体现的方式却是与时俱进、变化无穷的。越南战争之所以失败，是因为电视媒体将战争的实况直接呈现在每个美国家庭中，而人民对国会的压力阻止了军事战略本来打算采取的“全面战争”。

在福克兰战役和格林纳达入侵行动中，媒体吸取了越战的经验，都保持了适当的距离。可见，从近期历史吸取的历史教训是有用的，但从远古历史中获得的教训就未必合适。比如，在过去，人民可能因为受到他国的欺侮或是大国的恫吓而变得好战，但在今天，这种受辱的情绪已不大可能再引发战争。在这里，人性本质没有发生变化，但是人性对战争恐怖的了解已经胜过了受辱情绪和爱国情操。

因此，历史教训可能有用，也可能是个陷阱。

还有一点很少被人提及，但可能非常有用。在争辩中，如果一方表示他学过历史，那就意味着他已经把整个情况都比较过了，应该是采取行动的时候了。这是一种很微妙的威胁方式。如果双方都学过历史，整个辩论就会沦为一场引经据典的“对弈”。

如果我们大家都去买古董家具，谁又会去设计现代家具呢？如果我们都忙于回顾过去，谁又会去眺望未来呢？毋庸置疑，我们对历史的回顾已经大大超过了对未来的前瞻。一个创意无论多有价值，阐述它的论文都只有通过回顾把它嵌入到历史当中才具有可信度，这就是我们所谓的学者观点。“学者”这个词暗指得更多的是像学生一样学习历史，而不是像设计者一样去设计无限的可能性。历史的重要性就像盐对食物的重要性一样，但是过多强调历史只会阻碍进步（这也是拉弗曲线的另一个例子）。

逻　辑 ▶▶▶

一个囚犯知道有一个狱卒总是说真话，另一个狱卒总是说假话，但她不知道究竟是哪个说真话哪个说假话，也不知道两条通道中哪一条可以通往自由。出于某种原因，囚犯只能向狱卒提一个问题，那么她应该怎么提问呢？这是一个简单的逻辑问题。答案是她应向两个狱卒问同一个问题：另一个狱卒会向我推荐哪一条通道？这是一个既简洁又完美的逻辑练习。

在日常生活中，我们极少很明显地使用逻辑，大部分日常思考、政府部门的思考以及评论者的思考都是基于感知、语言和信息，我们最多会用一个逻辑步骤：如果是这样，那么就那样。除了像比较贷款方案优劣这样的技术性事务以外，我们大部分的思考都发生在感知阶段。例如，我们怎样来理解？如何看待它们？这种感知是基于我们的感知习惯，以及我们的所闻、所知和表达自己的方式。由此，语言大量介入，把感知包裹起来，使我们只看到准备要看到的东西。

我们之所以不需要很明显地使用逻辑，是因为我们早已在语言中建立起这样的逻辑了。例如，杀人是“不好的”，除非是在战争中或出于正当防卫。“谋杀”这个词本来就不包含任何的正当基础，因此没有必要对它重新判断。在股市做投资决策时，我们听从别人的建议，或者跟从朋友所做的方式，然后用这些来合理化我们的决策：既然每个人都这么做，那么这种行为必然是令人满意的。于是，股价就上扬一阵子，等最后股市发生大幅修正时，我们又会对此合理化一番。这种合理化并不是基于所有的信息，而是基于我们所想要的信息。

这是不是说桌面逻辑的刚性、分类、二分法、矛盾律和极端化在现实生活中不那么重要呢？实际上，这些元素早已融入了我们的感知、语言和思维习惯，比如，我们会这样想：

如果我能为自己的观点辩护，那就证明我是对的，既然如此，我又何必去听别人的意见呢？

一旦发生通货膨胀，人们不是存更多的钱，就是花更多的钱，不可能有其他的情况发生了。

自由意味着可以任意做出自己的选择，因此，如果人们想吸烟，他们就有吸烟的自由。

日本进口市场不如美国进口市场开放，所以我们必须对日本商品予以抵制。

在这家大公司里面只有两位女性高级管理人员，所以这家公司一定对妇女有性别歧视。

大部分人都认同的事情一定是对的。这就是民主的真意。

面对以上的情况，我们也许会嘟囔说："并不是这么简单的。""还存在一些中间情况。""这并非适用于所有的情况。""还有其他的解释。"等等。这些反驳都直接击中了传统桌面逻辑的刚性和非此即彼的思考习惯，它们反映了感知的片面性、多变性，感知模式流域的宽泛性，以及考虑其他选择方案的必要。

我在这里关心的是日常生活中的逻辑，不是抽象哲学中的逻辑。把错误的逻辑指出来，强调每个人都用完美无缺的逻辑来进行思考，从而使世界变得更美好，这是丝毫没有用处的，它只不过是一种后见之明的一厢情愿罢了。桌面逻辑的结构并没有给感知的灵活性留出任何余地，桌面逻辑包含了太多的刚性、确定性和各式各样的固定分类。我们当然可以很轻松地说，如果人们用"敌人"以外的类别来描述对方，结论就会不一样了，然而，当"敌人"这个类别看起来很合适时，人们怎么又会想到用其他的类别来进行描述呢？

最简单实用的办法是说："我们并不是在运用（桌面）逻

辑，即使我们假装在这么做。我们用的是感知，因此让我们清楚地意识到感知的片面性、灵活性以及随着环境改变而改变的特性。”这意味着我们不仅可以表达感知，而且可以意识到它是一种感知，而无需像逻辑证明那样非得宣布了正当理由之后才能这么做。由此，我们就愿意去寻找其他的感知、观察他人的感知，并坦然接受我们的感知在某种环境下是恰当的，但在其他环境下则是不合适的。

逻辑可以被用来加强感知（和偏见），但逻辑和争论丝毫不会改变感知。如果军方对不明飞行物UFO的存在保持缄默，那不是因为UFO不存在，而是因为这类信息必须被压制下来。但如果创造出多样化的感知，这种事的处理结果就会更完美，比如：“有人真的相信自己看到某种不明飞行物，但其实不然，他们的感觉就好像催眠后的幻觉一样，所以看到UFO的人并没有说谎。”“大脑有时会被蒙骗，以为真的看到了什么，这就像我们被魔术蒙骗一样。或许有些UFO事件就是这样发生的。”“有些人就是相信一些神鬼传说。”“永远保持开放的心灵，在你亲眼看到之前，不要妄下断论。”对以上这些论点，军方还可以一一展开说明，厘清既有的感知，而不必直接加以驳斥。

如果一定要我指出“隐含”在日常生活中的逻辑的危害最深的一面，那就是二分法（不是/就是）及其在判断上的运用。模式形成系统的刀刃区别行为在这方面会被滥用，以至于一些实际相似的事物会被看得全然不同（这在种族主义上尤为明显）。正如我前面指出过的，二分法的思维习惯来源于我们对分类、辨认和矛盾律的需求，而这三者正构成了桌面逻辑的基本要素。

艺 术

卡通也许是艺术的最高形式。这个观点显然是荒唐的，它是一种激发，或者是一种需要得到合理化的特殊感知。

艺术有其美学的一面（如音乐、舞蹈、建筑、抽象派绘画等）、感性的一面（如戏剧、小说、古典大师的绘画、诗词等），也有感知的一面（如卡通、雕刻等）。当然，这些层面都有相互重叠之处，而且任何一件艺术作品在这些层面上都会兼而有之，我在这里只是列举出更偏向于纯粹美学、感性或感知面的例子。

卡通把事物的本质抽取出来，使我们一眼就能辨认出这些本质。卡通强烈地引导并影响我们的感知，让人们越来越像这些被夸大的特征，而不是让这些特征越来越像人们。这种突出或强调是一种强烈的感知方法，我们被迫注意某件事物，然后越来越意识到它的存在。雷切尔·卡森的《沉默的春天》一书一直被认为是触动人们关注生态的滥觞之作。这种强调和集中关注的过程就是艺术改变感知的方法之一。

在文化观念中，我们一直把感知留给了艺术世界（不仅是高雅艺术，也包括各种艺术形式）。我们相信，富于变化的感知无法存在于宗教、逻辑、数学或科学之中，而只能安然留在艺术领域中发挥所长。但是，艺术是否真能改变或增强社会上既有的感知呢？艺术究竟是一面镜子还是一个医疗箱？无疑，大部分文学作品反映了人类内在的境遇和各个时代的价值，即使是在《飘》这样的通俗小说里，我们也能看到当时黑人在社会上的地位及其对此的感知。学校的教科书则反映了社会的陈词滥调。如果艺术真的是一面可以让人们从中认识到人性的镜子，那么这面镜子必定能反映出真实存在的人性。

的确，反映、关注和强调（正如查理斯·狄更斯的小说）本身就能导致感知的改变。因此，借由演员之口，一些非主流的想法也能得以表达，而某种潮流一旦兴起，艺术就能迅速地增强这一潮流。在文学中，语言中所有的“不诚实”（如偏颇的观察、夸大其词、形容词、嘲讽、偷换概念、贬义等）都可以被用来为这股潮流煽风点火，例如，美国人居然在相对较短的时间内改变了对种族和生态的一般态度，就实在令人咋舌。

宣传机制不论被用于什么方向（虽然只有其中一个方向才被我们称为“真理”），它对感知的影响力都是巨大的。就在不久以前，不抽烟的人还会因为自己不抽烟而感到不好意思，而如今，吸烟者反倒变得不受欢迎了。有一个笑话就是这样的：一个人到杂货店，先是大声对售货员说他要买烟，然后又小声地改口说他其实要买保险套。如今，同一个人又到了杂货店，他先是大声说要买保险套，然后又小声地改口说要买烟。

感知确实能被艺术改变。比如，受到文学、电影和电视的影响，人们已经不再认为战争是神圣的（这种观念也是受过去艺术的影响），而是残酷血腥的。

因此，我们可以说艺术服务于三个目的：反映现有的感知，加速改变感知，以及偶尔改变感知。不论是肯定、教化、宣扬正义、煽情、缩小视野还是其他宣传的伎俩，艺术使尽了浑身解数来达到这三个目的，因此，艺术是、而且很可能必然是让人非常难以忍受的。相形之下，我们就看到了逻辑和信仰系统的高傲自大，然而，如果这一切都是朝着正确的方向运行（不论我们所谓的“正确”是什么），我们就不会对它们有所介意。一种逻辑或信仰刚开始出现的时候，可能不会出现大量的附和者，但只要最后有一大堆的跟随者，那它就一定是“正确”的。

艺术（广义的艺术）还存在一个小问题，那就是艺术必须富有趣味、饱含情感、引人入胜，否则就不会有人愿意倾听艺术，人们也会转移兴趣。现在，这个重要的考虑因素已经开始影响艺术作为“镜子”的功能。作家们不再愿意叙说平凡人的故事（这些就像早期前苏联艺术中令人乏味的“秧歌”一样），转而描写离奇复杂的精神失常者的故事。画家也得画出可供别人写、可供别人谈论的画作，就像汤姆·沃夫很早以前就指出的那样。而电视则必须充斥着暴力和死亡，因为这些都是最具戏剧性的主题。

假如我们坚持艺术应该传递和设立感知的观点，那么这些被现实的商业力量驱使着的感知（比如兰波 Rambo 及其他类似的作品）也能设立感知吗？或者，是不是只有“好的艺术”才能设立感知，而其他的艺术毫无意义，我们应该弃如敝屣呢？

社会能否轻松愉快地把感知留给“艺术”，而把逻辑、科学和数学留给其他领域呢？虽然我认为艺术在改变感知方面有极大的价值，但我对这个问题的回答是“不”！因为艺术虽然可以改变感知，但却无助于养成有价值的感知习惯。前面提到的“正确性”和“确定性”都是相对于感知的主观本质而言的，或者它们只是代表了看待事情可能性的不同方式。我们可以依赖艺术来丰富感知，但无法通过艺术来培养感知技巧。这就是为什么我相信必须在学校教育中直接传授感知技巧（主要是拓展感知和改变感知的技巧）的原因。

我无意否定感知的价值，也无意否定科学和数学的价值，但我想指出，从“感知”的观点来看，我们已经接受的一部分思考习惯和思考方法有着严重的缺陷。

I AM RIGHT

第五部分

社会及其制度的思考方式

YOU ARE WRONG

几乎所有的进步都来源于改变。我们既定的制度如何适应改变的过程呢？这些制度如何持续不断地处理改变，又如何在既定的结构本质下容许改变的发生呢？

社会并不只是由会思考的个人所组成，在这些个人之中或之间，还包含了结构、制度和机制。在有些情况下，这些结构直接来源于传统的思考文化，例如民主制度下的辩论习性。在另一些情况下，结构本身便产生某种类型的思考，比如官僚主义。还有一种情况是，某些特殊的主体保留了某种思考习惯，比如大学对历史研究就十分推崇。

接下来，我准备观察一下来源于而且也保留着传统思考习惯的制度。在一些事例中，我会直接观察制度，而在另一些事例中，我会探讨起源于制度本质的思考模式。

任何制度都是一种促使某些事物发生和防止某些事物发生的结构。因此，作为一种基调，我将把讨论焦点集中于“改变”之上。从定义来看，几乎所有的进步都来源于改变。改变可能是不被人察觉的渐进式改变，也可能是在压力下的调整、调适和回应。最极端的改变可能意味着新概念的出现、范式的转换或者感知世界的方式转变。我们既定的制度如何适应改变的过程呢？这些制度如何持续不断地处理改变，又如何在既定的结构本质下容许改变的发生呢？

以下列出的各种结构并没有涵盖全部，而我也可能遗漏了某些应该被包括进来的重要结构。但我只是想借此表明，我们完全可以从神经系统的本质逐渐转移到感知的本质、传统思考习惯的本质，以及最后的社会结构的本质。在接下来的内容中，我将讨论以下主题：

改变：我们在进化模型中的基本信仰。当压力、危机和革新出现时，我们就会采取应变和调适。

下一步：我们根据所处的情况以及怎样进行到这种情况来决定下一步，而不是根据我们想达到什么样的目标。

饱和：不留下一丝真空、空隙，时间、空间和资源都已充分利用。

教育：是一种封闭的系统，基本没有意识到对社会思考的需要，也未曾了解这种思考类型。

循规蹈矩：完全根据游戏规则来进行，它的意思和自私自利无关。

短期：我们大部分的思考都着眼于短期（如在商业、政治方面），因为游戏规则就是这样。

民主：一种使我们达成一致的制度，但现在它更多的作用却是阻止一些事物的发生。

实用主义：如果不按照固定的规则和绝对性来驱使行为，还有别的办法吗？

官僚机构：一个为了某种目的而组成的机构，但它最后存在的原因却是出于它本身的需要。

分隔：现今有两大趋势，一个是专业化日益增强，使各个领域日益被分隔开来；另一个则是将各种知识进行整合。

大学：大学是历史形成的，它扮演着教育、文化和研究的角色，主宰着智力资源的运用。

交流：交流需要使用有限的语言和媒介，但它对改变情绪有强大的影响力。

包装：我们越来越善于包装感知，这在将来可能会引发重大问题。

改　变

最聪明的人往往倾向于留在少数群体中，因为他们在那里能够使整个系统运转起来。萧伯纳曾经说过，进步往往来自于那些不按常理出牌的人，因为按常理出牌的人只想运用系统，而不想改变系统。

就像生机盎然的春天最后趋于稳定一样，我们相信大多数的概念和制度都已经接近完美，我们只需要在这里或那里解决一些问题，进行一些调整，以适应环境的改变就行了。我们不会梦想也不希望发生大的改变，如果世界上还有些地方没有民主和司法制度，那些地方最终也能发展出这些制度。

改变的潜在含义就是渐进演化。不同的压力（生态的、经济的）和需要（提高生活水准、种族平等）都会促成我们的发展，推动着我们去往这里或那里。这些压力会受到政治力量的引导，或者通过大众情绪的转变而显现出来。

技术变迁来自于公司、大学和技术学院，因为它们受到鼓励而努力研发技术。大众情绪上的转变有时会被个人（比如罗尔夫·奈德）加以疏通引导，但经常是加速形成威力强大、不可感知的风潮。

既有的系统经常得到无数人的辩护，这些人的智识虽然足以为其辩护，但不足以带来创新。常常有许多人认为，改变会威胁到他们既有的地位，有人甚至认为，既然我们无法实现充分预知改变的后果，那最好还是别冒这个险。

然而，世界上总会出现一些危机迫使我们改变，正如油价上涨迫使人们开始节省石油，日币升值迫使日本人开始刺激内需一样。在政治上，危机引起的改变一般比较容易被接受，因为有些事情显然必须如此，况且能在危机下继续存活已经很不错了。

有些创意刚刚出现就无疾而终，比如简化英文拼音。有些创意则在开头取得一些进展后，也慢慢地消失。有些则会一直存留下来，比如环保概念。这就是演化，而演化的压力来自于批判性思考、大部分系统的惯性，以及人们普遍的自满心态。

像这样令人满意的演化模型还存在什么问题吗？

想象一个游戏，有人一张一张地递给你一些形状各异的硬纸卡片，你的任务是按照电话里描述的简单形状，尽可能地把收到的纸片拼凑出来。于是，你将手中先拿到的几张纸凑出个长方形，然后用下一张纸凑出更长的长方形。接着，你又把两张纸片添上去，但拼出的形状不够简单。为了拼出简单的形状，你不得不回过头去拆掉原来的长方形，把它变成正方形。现在，你就可以把新得到的纸片添加上去，拼成一个更大的正方形了。

这个游戏虽然简单，但其中的原则很重要。在每一个时刻，我们都要十分灵敏，寻求将新事物结合到旧事物的方法。在这样的系统下，几乎无可避免的，我们到了某个地步之后就会回过头去拆解原来的形状，而为了能够继续前进，拆解在此时是最好的选择。这是因为组织发展的方向取决于已有的现状，而不是未来可能的情况。例如，我们的民主习惯来源于过去的制度（如村民会议），而不是技术交流可能带来的变化。

这一原则不仅适用于拼硬纸片的游戏，而且适用于任何宽泛的系统，只要这个系统有两个特征：始终不断地输入信息，以及最大限度地利用信息。

问题是，我们不能只在现有的情况基础上进行构建，我们还需要回过头去拆除一些事物才能继续前进。在很多情况下，只有把旧事物从过时的框架中解构出来，我们才能以新的方式重新组合事物。这个过程一直被当作革命的道理——除旧才能布新。然而，革命的问题在于：它只是简单地倾向于用另一个僵化的系统来取代现有的，因为尽管体系的元素被更换了，但却没有时间让这些元素以更好的方式重新组合起来。

演化模型的第二个问题就是，在动物世界里，动物无法控制整个生态环境，所以无法良好调适的物种就会被逐渐淘汰；而在人类世界里，人类系统却可以控制环境，从而确保自己的生存，这就是为什么独裁系统能够始终存活下来的原因。由此，我们也可以理解，为什么独裁系统可以被接受为一种政治系统，而不是一种政府形态，因为一旦掌权，独裁系统是不容许有任何改变的。其实，所有的政治系统都有着相同的统治野心，它们之间的差别不过在于，有些系统在实现这些野心时表现得更有效率、更加无情。

控制环境从而保障自己的生存，这个道理同样适用于信仰系统。正如我们所体会到的，在信仰建立的过程中，信仰所设立的感知确保了我们的所见所闻都支持着信仰。民主系统允许自由办报，这通常就是“资本主义”式的，因为在资本主义中，“利益”比“意识形态”更为畅销。独裁系统却与之相反。

信仰系统将本身封闭起来，变得和我们在科学中经常提到的范式一样。范式是我们借以观察世界的一种特定的智识模型，新的想法一旦不符合范式，就会遭到摒弃，只有出现了压倒性的变革需求，范式才有可能发生转换。

我们以为通过争论和分歧，可以带来重大的改变，但是科学经验表明，事实并非如此。争论和分歧只是在现有的框架下发生，它只能带来微幅的调整，而不能引发范式的转换。如果一方讲英语，另一方将法语，辩论是无法进行下去的。同样的道理，如果争论双方来自不同的范式背景，就不会有任何讨论发生，而提出新范式的一方会被当成“疯子”并遭到唾弃。

本书前面谈到的大脑中自我组织模式形成系统的自然行为，也同样适用于社会，因为社会也是一个自我组织的系统，只不过，大脑拥有的是一系列模式，而社会拥有的是一系列概念、制度和程序。由于我们长期满足于演化模型（并相信演化模型是唯一的选择），所以我们从未真正地去理解思维过程、改变或设计。

我们害怕那些被设计出来的乌托邦，因为它们不是真实的、未受验证的，它们完全依赖于人类的荒谬期待，而这些是根本不可能实现的。一般而言，我们之所以害怕设计是因为我们知道设计有可能是错的，而演化（从除旧布新的定义上说）却总是对的。我们乘坐着设计而成的飞机翱翔天空，但却没有类似于“风洞”的社会试验来测试那些新的想法。因此，我们总是习惯于在压力的推动下进行设计，并乐于把这称为“演化”。

如果42%的投票人能够全面控制政府长达15年（比如英国的撒切尔政府），这是可以接受的，因为系统就是这样运作的，因为撒切尔夫人正好是一个杰出的人才，因为任何掌权的政府都必须考虑所有选民的意见才能继续掌权。然而，这个系统并非就完美得无需改进。假设得票率相同的两个顶尖候选人同时跻身国会，他们两人的得票率也可以反映选民的支持率：38%的得票率表示0.38的支持率。当然，这样的投票结果会导致国会规模空前庞大，但这也是符合民主原则的。

即使系统本身不大可能改变，我们也自发地需要在某些领域出现新的创意，比如第三世界的债务、健康医疗的成本、社会福利、法律行政、日益严重的吸毒问题，等等。那么，解决这些问题的创意将从何而来呢？你也许会提出一些常见的办法，比如搜集信息、分析信息、运用基本原理，等等。然而，这些领域所需要的创意，应该是像1984年洛杉矶奥运会为了避免往届奥运会亏损的命运而最终依靠水平思考所产生的新创意一样。不过可惜，我们并不理解有意识地创造性思考，甚至没有意识到它。我们最多会说：创意迟早会到来的，我们应该睁大眼睛寻找它们。事实上，只要我们意识到分析信息本身并不足以产生新的创意，就可以有更好的办法。

经济学可以处理激进的新思维，而我们也能越来越娴熟快速地拨弄一些变量，比如调整利率以对付通货膨胀，改变汇率，刺激生产性投资、控制房贷，等等，其中，有几个措施行为是互相矛盾的。也许电子学可以让我们从“水的”经济学（顺着坡度从高处流往低处）演变到“雪的”经济学（根据温度变化而流动）。我们尚未充分了解“金融汤”的长期含义，只知道它是电子通讯技术消除了时空障碍和政府管制消除了其他障碍以后的结果。

任何对社会整体变动持相同态度的公司会在两年后消失，浑浑噩噩、得过且过的做法也许可以让我们免于极端化和灾祸，但却阻止了我们将现有资源进行充分利用。

如果我们更好地理解改变所需的新思维，并对这种新思维予以特别的关注，人类社会将由此获得巨大的进步。

下一步 ►►►

请你用一支铅笔，用一条连续的线画出一个不太复杂的图形出来。然后，用一连串的点而不是一条连续的线重画这个图形。在大部分情况下，第二种方法会有比较好的图形效果，因为下一个点的位置可以很容易被调整成符合整个图形的轮廓。线条具有连贯性，不可能突然跳到另一边去，但是点可以。

在大多数情况下，下一步基本上取决于我们此时此刻正处于的位置，而不是我们应该所处的或者想去的位置。下一步取决于我们此刻在哪儿，我们从哪里来，以及遥远的历史。我们前行的步伐是受历史推动的，而不是受眼界驱使的。我们一步一步、小心翼翼地前进，而不论最后的目的地有多么光辉灿烂，它都不如前进过程中的每一步那么重要。例如，教育改革必须符合教师利益、考试制度和当今对教育的需求，法庭制度的改革也必须建基于当前的结构及其所扮演的角色。

曾经有一个路人向一个爱尔兰农夫问路，农夫沉默了一会儿，回答道："如果我要去你想去的那个地方，我决不会从这里出发。"这个回答虽然帮助不大（尽管这个路人可以依照农夫的指示回到"更好的"出发点，然后再从那里出发），但逻辑却非常好。它展示了一种"边缘效应"，亦即路线是清晰的，目的地也是可以达到的，但如果你第一步就走错了，其余的也就毫不可取了。美国在中东地区的所有外交政策就面临着第一关：以色列（以及美国的院外游说团体）会做出什么反应？而在新兴工业化的发展计划中，"环境影响评估"也是必备的第一步。

建筑师在修建任何一幢新建筑物之前，都要先画草图。虽然在画设计图时，会受限于场地大小、经费多寡以及客户的品味需求，但无论如何，建造新的建筑物都比重新塑造旧的建筑物更加容易、成本更低。

但对社会事务而言，大部分情况都别无选择，我们不得不从当时的现状迈向下一步。例如，我们可能已经发觉大学体系不再是促成知识进步的最佳机制了，但我们仍对它无可奈何，更无法把它们全部关闭、设计出新的替代物。

正是出于以上的道理，一些公司才日渐臃肿、不求上进。随着时间的推移和点滴的积累，整个公司的未来就建立在现有的基础之上，此时，只有出现充满活力的新主管，更新整个管理层，或者通过并购、接管，才有希望使公司进行彻底的重建。于是，有些部门会被裁掉，无利可图的计划会被终止，一批新人会走马上任。前苏联的戈尔巴乔夫就像是这样的一位新主管，他临危受命，肩负着彻底改造一个庞大组织的重任，然而他也只能沿着由前苏联历史决定了的轨道一步一步地缓慢前进。

水流无时无刻不在寻找最容易的方向行进。水不会往高处流，因为一遇上斜坡，水就会急速地往下冲。水也不可能越过河岸的堤防，因为一旦如此，平原就会遭到洪水泛滥。同样的道理，我们在做各种不同的事情时，都追求最容易的、最合适的、回报率最高的方法。数学之所以在长期的稳定发展中不涉入非线性系统，就是因为线性系统比非线性系统容易研究多了。而我们之所以把大部分精力投入历史研究，也是因为它是更为容易的选择。

当我们行进在路上，迈出去的每一步对原先的位置而言都是最合理的，而在这一过程中，我们也可能会发现自己已经远离了当初的目标。官僚体系就是这样，它一步一步地成长，最后却发现自己离原先设定的美好目标早已十万八千里。官僚体系叠床架屋的发展，本来是为了更有利于做出决策，但现在哪怕要它做出一个有效率的决策，都是难于上青天。

我们常常发现自己的思考其实都在同一个方向上打转，因为这就是我们的专长，也是长期教育的结果。我们已经很难转换到一个新的方向，于是，我们受雇于现有的制度，而不是应有的制度。

我并不是说下一步要进行转换，因为它本来也不是。也许每一步都有其目标，但是每一步几乎都取决于现状，而不是我们的雄心或眼界。

饱　和

柏拉图强烈反对任何一种教育改革，因为只要你认为自己是正确的，那么根据你自己的定义，你就是“绝对正确”的，所以任何改革只不过是开倒车而已。

在实践中，教育改革的困难并不在于这种绝对正确的自我感觉（虽然这种感觉确实存在），而在于教育的课程表已经完全饱和、丝毫没有空间和真空可言，因此，任何企图进入的新事物都必须要以排挤现存的事物为代价。那么，为什么有些现存的事物应该被排挤掉呢？因为它们是不好的、低效率的。但情况也并非常常如此，大部分事物之所以存在是因为它们有价值，或者至少许多人相信它们有价值。

每一条信息都有价值，信息越多，在原有的信息基础上每新增加一条信息就越有价值。我们可以用大量的信息来充斥课程表上的每一分钟，而哪怕只教授这些信息中的一部分，至少也得花30年时间。除非我们能像神一样拥有全部信息、无所不知，否则思考就是必要的，因此，现在是时候教授一些操作性的思考技巧（不是批判性思考的技巧）来运用既有的信息了。为此，我们应该少花一些时间来搜寻信息（虽然这也有一定的价值），转而把更多的时间用来直接传授思考技巧。现在，已经有一些先进国家和学校在开始做这样的尝试。

以教育为例，我们看到了新思维面临的一个基本问题：即使新事物不必排挤旧事物，现行制度也没有为新事物留出多少空间，人力、时间和资源都已经被完全占用，而且在很多情况下，资源还在日益缩减。

然而一个内在的矛盾就是，当我们朝向未来发展时，我们会越来越需要改变（以解决人口增长、污染等问题，并充分利用新科技），但改变的可能性却在日益缩小，因为所有的资源都被占用了。

一个明智的将军从不会全军出动，他总会留下一个预备部队以随机应变。我们的社会却不如此，因为我们相信自己已经拥有所有的基础，只要通过演化、观点的冲突和偶然出现的创新，就可以获取进步。

除了划拨资金用于研发以外，大部分成功的公司还会分配一些资金来成立新的事业部门。就像将军留出的预备部队一样，这个新的事业部门处于日常运营之外，专心致力于寻找新的机会。

民主制度难以容忍预备部队的存在，因为这些未被分配使用的资源会成为各部门攻击的目标，或被认为有私相授受之嫌。社会可能预留资金以备紧急情况使用，但却没有预留空间和资源以供改变创新。

同样的情况也发生于思考当中。无所不知的人可以对任何事情指指点点，可以有强硬的理论后台来对自己的观点深信不疑，但却没有多少希望获得进步，这种人在讨论时只会一再地论证自己如何正确而已。

教　育

人们一直认为，所谓教育就是花一大笔钱来培养小孩，使小孩在将来能够找到工作。这样的想法并没什么不对。一些常用语，比如“文化价值的传承”、“灵性的发展”、“教导生存技巧”、“职业训练”、“开发潜能”、“鼓励求知欲”、“为社会培养有用的人”，等等，都表达了教育的目标，然而其中大部分目标实际上是为了存在而存在，只不过是一种信仰而已。

除了职业训练（专为某种职业进行的培训）以外，很少有证据显示历史、地理、科学、诗词、文学等科目会让孩子有什么不同。我们坚信这些科目都是“文化”的一部分，我们希望每个公民都具备这些素养。至于阅读、写作和数学，我们理所当然地认为它们是基本技巧，其有用性是不容置疑的。

然而，一说到要讲授思考技巧，我们就要求拿出证据来证明这是必要的。或许我们可以换种方式来表达这种疑问：教育就是教授社会需要的所有技巧（尤其是在民主制度下），它怎么可能把思考这样最首要的基本技巧遗漏掉呢？有人会马上回答说：既然思考是人类所有技巧中最基本的，教育当然会予以传授，也就是说，在学习任何一个科目时，思考技巧都理所当然地得到了运用。然而，事实果真如此吗？

惯用两根手指打字的人到了60岁还是用两根手指来打字，这不是因为他缺乏练习，而是因为他一直练习的就是“两指打字法”。运用了思考并不等于教授了思考技巧。思考技巧的传授必须以比较外显的方式来进行，必须在课程表上专门列出这一项，这样老师和家长们才会意识到思考技巧已经在教导发展之中。把思考技巧融入各个科目的学习当中，这也许是个比较方便的办法（因为课程表已经排得很满了），但永远达不到同样的效果。

教育的问题在于它是一个自行其是的系统，它自行设立目标，然后一步一步地达到这些目标。身处教育体系之中的人都把思考当成了“分析”和“批判性思考”，因为所谓教育就是把一堆教科书摆在学生面前，然后让学生们对教材做出反应。可是，人生远远不止于此，在真实的世界里，人们必须把所有需要考虑的因素综合起来，评估哪些因素应当优先考虑，还需要创造出多个备选方案，从而做出最后的决策并采取行动，所有这些都是我所称的“操作性”（operacy）的一部分。

教育太过专注于“反应式”思考。我在企业界从事工作的经验就让我充分体会到以为反应式思考已经足够的想法是非常错误的，但遗憾的是，教育中的大部分决策都只是来源于教育内在的需要，甚至还出现了惊人的自我循环。比如，教育需要用IQ测试来考察学生的基本思考能力，于是，教育就致力于教导学生应付这样的IQ测试（为了区分学生的高下等等），然后再以IQ测试来评估教育的有效性。

我的经验表明，CoRT思维课程最有价值的成就，就是让学生对自我的评定从“我是聪明的”转变到“我是一个思考者”。后者是一个更具建设性的自我形象，它使学生不再关注“我是对的”，而去关注“我可以对这个问题加以思考”，而思考也可以被看做是可以通过集中注意力和勤加练习来改进的技巧，就像学习打网球、滑冰或其他任何一种运动技巧那样。

教育的内容完全被信息主宰，是非对错的判定也完全依据教科书。于是，分析、批判性思考和逻辑推导备受教育的推崇。然而，思考最重要的部分——感知，却被忽略了。人们往往以为感知已经在文学等领域发挥得淋漓尽致了，但基于我在前面提到过的种种理由，这其实是对感知的误解。文学的确提供了感知，但并没有提供感知的技巧。

本章所提到的一些因素：相信可以通过演化获得改变，有关"下一步"的困境以及"饱和"的问题，都使教育深受其害。

教育内容应该由什么构成呢？教育应该包括一些基本的技巧元素，比如思考（不只是批判性思考，还有建设性思考）、阅读和写作、基本的数学技巧（日常生活所需的）、计算机操作、社交与沟通技巧，等等，然后还包括一些说明现实世界如何运转的知识，如工商、政治和基本的社会学原理等等。未来的教育可能会更多地用异于今天的手段进行，比如历史、地理、戏剧、技术等，可能会更多地使用设计精美的影像资料。

科学将被重新架构，并分成三个层级来处理：基本技巧（方法）、现实世界和文化背景。

如果我们想寻求社会思考方法的变革，应该从教育开始着手进行根本的工作，亦即我们应该开始传授思考技巧，这比其他任何事情都重要。教育系统本身是非常不愿意做这种事的，这主要是因为教育界人士已经被锁定在有关思考的成见当中，而他们也不得不执行不完美的传统教育模式。

总有一天，家长们会直接要求学校在传授思考技巧方面做得更好。乔治·盖洛普的一项调查显示，多年以前，就有60%的家长声称他们不满意学校在"思考"教育方面的表现。

循规蹈矩 ▸▸▸

假如我们找一个非常聪明的人，教给他某个游戏的所有规则，然后请他胡乱地玩这个游戏，这种做法一定显得十分荒唐，因为这个聪明人一定想根据游戏规则把游戏玩得漂漂亮亮。我发明了“循规蹈矩”（ludecy）这个词（它源于拉丁文的“ludo”，意思是“我玩”），来表示完全依照规定的游戏规则来进行。

股市用来反映上市公司的营业价值，但对股票的市场价格有较直接影响的却是投资人买卖的趋势。因此，如果你跟着你的同事，也预期同样的趋势，就可以成功地在市场上操作。过一段时间以后，股市操作就变成了一种游戏，而公司的价值却逐渐淡出，成为一种游戏背景，只不过时不时被搬出来对人们的股票买卖行为（这种行为实际受其他因素的影响）进行合理化罢了。这样的游戏过程是可以预见的，因为一段时间过后，我们会预期人们会预期股价上扬，而别人则对我们的这种预期也会有所预期。

内行的人都知道，持续的涨势并非常事，有关钱的事情其实都是上下波动的。只要你有一个同步信号（至于这个信号是否有效则无关紧要）来集合足够数量的人一起行动，股价就会上升，越来越多的人就会跟进。于是，外行人开始进场，而你这个内行人就开始抛售，获利大吉。过去的经验表明，这些外行人都十分乐于受到这样的剥削，因为他们会记得有一段让他们看似赚了一笔的偶然的持续涨势。这种同步信号曾经包括亨利·考夫曼的利率理论和某些市场信息。

律师就不同了，他们完全依照白纸黑字、明文规定的游戏规则来赚钱，包括离婚协议、事故诉讼、产品责任、企业购并，等等。实际上，医疗事故风险的存在大大提高了医生的保险费

(这笔钱被转嫁到病人身上)，以及为此而举行的一系列综合考试（也是由病人出钱)，但这不干律师的事。庞大的责任理赔最终也意味着某些特定类型的活动（比如幼儿园）会被遗忘在保险保障体系之外，而这也不干律师的事。对于律师来说最要紧的是，如果法律条文规定律师可以拿到协议金额的百分之多少，那么你就一定会全力以赴地争取更大的协议金额。这就是说，游戏怎么规定，你就怎么玩。

房地产经纪人希望把房地产价格炒得越高越好，因为他们的佣金就是房价的某个百分比。至于高到天价的房地产价格是否会让第一次买房的人无以为生，就不干经纪人的事了。

教育本身也显示出行动上的循规蹈矩。教育设立了许多标准与测试，然后用它们来判断教育自身的绩效，如果这些标准和测试不包括真正应被传授的东西，那很遗憾，因为测试的需要排在第一。

如果电视节目制作人知道暴力情节可以提高收视率，那么所有节目都会充斥着暴力。而节目制作人玩的游戏很简单，即获取较高的收视率，如果暴力情节对社会产生不良影响，那么对不起，这不关制作人的事。

内行的政客深谙当选之道，也深知现身媒体的游戏规则：扩大自己的曝光机会，但不乱开支票，因为只要有一点闪失，整个政治生涯就会毁于一旦。然而，擅长玩竞选游戏，并不等于能扮演好当政者的角色。

所有这些例子好像都表明了人性无可救药的贪婪和自私，但事实并非如此，因为只要善用社会力量和同僚的压力，我们就很容易控制贪婪和自私。这些例子都旨在说明“循规蹈矩”。

如果游戏规则是这样订立的，你会笨到不照着它玩吗？即使你不这么做，别人也会去做的。就好比，你身为律师却不去争取更大的协议金额，客户就会跑掉；你身为房地产经纪人却不卖出高价，卖方就会另觅别的经纪人；你身在股市却只依据真实价值来投资，而不依市场趋势来操作，你就只能血本无归。

有趣的是，宗教“游戏”对克服贪婪自私的冲动非常有效，因为它与人类瞬间产生贪婪和自私的冲动完全是不同的游戏规则。所有玩这类游戏（循规蹈矩）的信徒，都会为了未来的报偿、社会的赞扬和自己的自尊，而克制贪婪自私的冲动行为。

循规蹈矩给我们带来了一种真正的两难，因为你不能谴责那些聪明人按照游戏规则来玩游戏。

短线思考 ▶▶▶

在美国，每个季度都有股票分析师提出报告。如果分析师指出你的公司股价下跌，人们就会大量抛售，使你公司的股价跌得更低，于是，你的公司就会变成别人购并的目标。然而在日本，持股人是最不重要的（最重要的是公司，其次是员工、消费者、银行，最后才是持股人），因此日本人对于投资的思考更具有长期性。美国的高层主管经常跳槽，刚到一家公司时，主管必须做出成绩才行，然而一旦主管跳槽，原先做出的成绩就只能是昙花一现了。日本的工作流动性则比较低，主管会把自己的决策贯彻到底，直到有成果出来。美国主管必须追求快速周转，必须采取让本公司股价上涨的行动，但要采取长期的投资行为就比较难了。

我曾经与华盛顿许多资深的政治人物和参议院见面，对政治人物而言，他们都有一个合理的时间框架：六个月到一年。我还和一些顶尖的记者见过面，惊讶地发现他们的时间框架只有一天，也就是说，今天所发生的事情必须被作为最重要的事情来处理，因为，今天一过即成历史，未来接踵而至。这种态度非常合理，也是循规蹈矩的另一个例子。如果你坐下来要像新闻记者一样写一个故事，你不可能说没发生什么事，也不可能说只发生了些鸡毛蒜皮的事情，你必须表现出今天发生的事情是最重要的，并且要引导读者得出相同的感受。

在澳大利亚，国会是每三年改选一次，因此，国会议员们顶多是第一年安顿下来，第二年有点实际作为，第三年则开始为下一届改选做准备。政治人物不得不做短线思考，因为他必须寻求连任，为了长期利益而做一些不受欢迎的事，只会让你得不偿失，而且群众也会遗忘你的贡献。幸好，“乐队花车”有时可以解决这样的问题。例如，环保基本上属于长期思考的问题，没有一个政治家会为了长期的环保利益而牺牲短期的工业利益。然而，一旦环保变得流行，变成“乐队花车”大肆鼓噪的“好东西”，大家在短线思考中也就会把环保考虑进来。

短线思考和循规蹈矩有相互重叠之处，如果游戏规则需要你进行短线思考，循规蹈矩就会加强短线思考。

民主制度 ▶▶▶

在理论上，社会对不想连选连任的政治人物是不会有太多保护的，但在现实政治中，政治人物本身的虚荣心和政党压力都会阻止政治人物考虑长期利益。一方面，政治人物想戴上荣耀的光环，另一方面，政党也想赢得下一届的选举。

我们假设民主制度有四大基础。第一，选出你信任的、可以代表你的意见的人。第二，威胁你所选出的代表，如果他没有实现你的目的，下一次他就可能不再当选。第三，举行辩论和讨论，使各种需要、可能性和方案得到充分考察。第四，以单纯的数人头的方式来做出决策。

实际上，在两党政治中，即便两党都不理想，但你往往偏好“你的政党”胜过了“他人的政党”，这一事实使选举过程中出现的极端不公平变得可以容忍。一旦政治人物上台之后，其举止行为会被媒体评论无限夸大。比如，政治人物即使没有做出什么愚蠢的举动，他的行为也会被媒体（本地和全国媒体）描述得其蠢无比。在这方面，辩论和讨论恐怕起不了什么作用，因为有关言论已经在媒体中铺天盖地了。但是，议会中的讨价还价、妥协让步仍是必要的，数人头的方式虽然稍嫌粗糙，但也提供了一个大家都可以信赖的数据。

显然，在民主制度的整个设计中，最具威力的一点就是让当权者害怕丧失支持，而这种情况会在媒体的煽风点火下更趋恶化。树立敌人远比结交朋友容易多了。如果你忽视了一个朋友，他不太可能和你作对，顶多是对你有怨言或保持距离而一旦他变成敌人，就会立刻对你恶语相向了。因此，政治人物从不做得罪群众的事情，哪怕只有5%的选民跳票，你在下次选举中也会一败涂地。所以，政治人物绝不会用言行冒犯那5%的选民，就算其他的选民都希望他这么做。

实际上，民主制度是防止很多事情发生的最佳办法。很多事情常常因为利益集团的介入而被扼杀，积极主动的态度措施（除非是对危机的回应）也总是群起而攻之的目标，至于期待大众在现有框架内立刻接受改变，那更是痴心妄想。

具有领导能力和开阔视野的个人偶尔也会掌权，此时，群众对改革的呼声使政治人物不敢贸然拒绝，亟待处理的危机也形成改革的压力，于是，改革就顺理成章地发生了。改革虽然是经由民主程序发生的，但并不是因为民主程序而发生的。只要某些地方累积了足够的力量要求变革，改革就会应运而生。

也许有一天，我们会把民主制度一分为二，其一是陪审功能，其二是领导功能。陪审功能代表选民认同的价值与偏好，并判定领导功能的所作所为。领导功能则由一批基于其技术和能力而被选举出来的人执行，他们实施具有建设性的方案和变革，这在纯粹的代议制中是不可能发生的。

很多国家已经开始出现了融合各种不同政治观点的趋势。比如，澳大利亚的工党政府的所作所为，就与保守主义近似。最终我们会看到，不论是哪一个政党执政，都必须去面对一些敏感的问题。也许分配在不同领域（健康、教育、国防等）的资源有所不同，但是被媒体出于某种政治利益而刻意扭曲夸大的所谓政策区别，迟早会被我们看破。

实用主义 ▶▶▶

阿姆斯特丹有一条著名的街，在那里，每晚都有烟花女子坐在光线明亮的橱窗里供客人挑选。有人告诉我卖淫在荷兰是违法的，然而税收当局却根据这些女子的估计收入征收所得税。

实用主义的名声不好，因为它似乎是“坚持原则”的反义词——“没有原则”，于是，我前面提到过的二分法问题就出现了。其实，实用主义并不尽然表示毫无原则，而是表示有弹性地运用原则。实用主义还可以表示拒绝被僵化的教条牵着鼻子走，以免做出不切实际的举动。

尽管每个政府或机构都比其承认的要现实得多，我们也仍然不喜欢实用主义这个概念。实用主义一方面暗指犹豫不决、实用至上、杂乱无章，另一方面则隐含着扭曲原则、自私自利和腐败。

有许多方法可以解决这种进退维谷的窘境。其一就是大大地增加可供援引的原则，一旦我们手里握有一大把原则，就会发现某条原则凌驾于另一条原则。例如，某条原则促使我们主张开战，但另一条“谨慎从事”的原则却阻止战争的发生。另外，我们还可以用某种成本约束来抑制言论自由（不受审查）的原则（比如，只要电视画面中出现一具死尸，就课税5000英镑）。事实上，已经存在一种责任原则，只要善加利用的话，就可以发挥良好的抑制效果。

司法原则可能会坚持凡是被起诉的小偷都必须一视同仁地量罪判刑。然而，一个新的原则已经出现，如果统计数据显示，这个月（或今年）的盗窃案比上个月（或去年）多，那么判刑就会偏重。这个原则也许显得古怪，但是换一个角度想，法律难道应该是与罪犯订立的表明什么罪行换来什么刑责的固定契约吗？

给长期坐牢的罪犯一笔合理的出狱补助金，让他们出狱后不会一犯再犯，这或许是一个可行的办法，因为统计显示，他们出狱后再犯的几率十分高。然而，对于这个办法，我们一般的反应是恐惧和限制。可是，这里的原则究竟应该是什么？是惩罚犯罪，还是减少犯罪？

我们是应该保持松散的原则然后严格地遵守它呢，还是保持严格的原则然后松散地遵守它？“尊重他人”是一条松散的原则，但我们必须严格地遵守它。诚实是一条严格的原则，但我们不必真的把它当一回事，尤其是对于政治和新闻媒体偏颇的感知。

另外还有重要的一点，我们的思考应该以原则为指导呢，还是只要符合原则就可以了？这两者迥然相异，因为感知是不同的。当我们以原则为出发点进行思考时，就只能透过原则看事物。而当我们思考完毕再回头来考虑原则时，我们的感知反而会大大拓宽。

我们是否应该表面上宣称遵从原则，但骨子里却是实用主义呢？

法律就是原则的问题。在具有成文法的国家（比如法国），原则的适用性有赖于法律条文的解释。而在根据新案例和新原则来不断调整原则的国家（比如英国和美国），就需要有个像美国最高法院一类的机构来一一确定判断的原则：比如，死刑是不是“异常残忍的惩罚”呢？有些原则普遍适用，有些原则只适用于个别情况。例如，在刑事案件中，精神失常的定义普遍适用于各种案例的（精神失常的人不必为其行为负责），但事实上，这种原则的适用必须取决于相关情境的详细分析（比如，被洗脑或催眠属不属于精神失常？）。

原则是需要不断被强化的，只有我们不断地去谈论它们、信仰它们、运用它们并做出决策（即使是不受欢迎的决策），原则才会持续存在。与原则的固定性和便利性相比，实用主义似乎乏善可陈，但我们可以引用“适合”这一概念，亦即因地制宜，判断某种情况是否“适合”采取这种行动。

杀害无辜者是错误的，但精神失常的人是无辜的，他或她不必为自己的行为负责。如果一个无辜的精神失常者威胁到其他人的生命（比如在飞机上携带炸弹），那么将其治以死罪是合理的吗？对待这个问题和对待自卫的情况一样，亦即现实考虑会凌驾于基本原则之上。

重点在于，如果我们将实用主义描述成“适合”情境的做法，那么普适性的原则也是情境的一部分。这不是关于原则或情境的问题，而是一个包含了原则的情境。

即使是像威廉·詹姆斯和约翰·杜威这样伟大的美国哲学家也是实用主义者，我们还没有真正地了解实用主义的实际用处，因为我们担心会受到它的引导，或者害怕因此而丧失宝贵的正直观。

官僚体系

当一群人为了某种目的聚合到一起，并力促自身这个群体永久保留下来时，官僚体系就出现了。

官僚体系是个典型的循规蹈矩的例子。体系内的成员会很快意识到官僚体系的游戏规则就是生存和发展，而生存发展的手段包括规避风险、把烫手山芋丢出去、政治角力、建立各种渠道等等。这和其他行业中常见的循规蹈矩的情况没什么两样。

官僚体系运作的目的就是避免错误的发生。在这个体系内工作得好是理所当然的，也没有人注意到你，但只要一出错，你就会成为众矢之的，而且这个错误会永远挂在你的脖子上，直到你退休为止，完全不像私人企业那样可以允许你将功赎罪。有很多人迷失在这样的体系当中，但也依靠这个体系的规则大捞了一把。

假设一个官僚有了一个好主意，这个好主意会得到鼓励吗？实际上，他会被问：你为什么不早点说出这个主意，不然就可以省下一大笔钱了。假设只有在当今先进的电脑技术下这个好主意才可能出现，那么好主意就值得赞许了吗？不一定。在一些国家里，主意多的人会得到“点子大王”的名号，但他们却一直无缘晋升为部门主管，身居高位的反而是那些循规蹈矩、庸庸碌碌的人（因为他们不曾有过任何创意，也就不会犯任何错误）。

我曾经建议，只要这类不曾有过新创意的官僚能够主动让位，就可以给他们颁发原来的薪水，直到退休为止。这个提议看似荒唐，其实不然。因为即使他们没有让位，薪水仍然照发不误，但如果使他们让位、白领薪水的话，所有不必要的消耗就会被节省下来，而让位的人也可以去寻找其他的工作。

官僚体系从来不是被设计来推行改革的，相反，它们只是用来按部就班地执行事务的。可不幸的是，改革却经常需要通过官僚体系来推行。很多基金会如今也变成了官僚组织，他们不再是提供种子基金鼓励非商业性创新的、富于冒险精神的资本家，而是变成了只考虑风险高低的银行家。我过去和银行打交道的经验就是如此。

社会很多潜在的改革机制都被掌握在官僚手中。没有一条自然规则显示官僚体系内的人比其他人更为平庸，也许他们只是聪明地选择了一种风险低、压力小的办事方式而已。但无论如何，具有开阔视野和企业家精神的人在官僚体系中会饱受挫折和敌视，所以当需要开阔视野和以企业家精神来实施改革，而又不得不假手于官僚体系时，结局往往是悲剧性的。政治人物的循规蹈矩和官僚人员的因循苟且结合起来，使发生变革和创新思维的机会十分渺茫。

我曾经建议俄罗斯人成立一所变革学院，专门负责观察和研究当官僚被指派从事变革工作时会发生什么样的情况。我也曾建议设置一个创意部长或国务卿，来特别强调变革和创新的重要性。

分　隔 ▶▶▶

也许有一天，精神分裂症会被归因于某种酵素的失衡。

在早期的科学或医学上，曾有多种的分类方式，因为当时只能以文字描述来进行分类。随着我们逐渐了解到各种潜在的基本机制，这样的分类就失灵了，因为我们发现原先被区分成不同类别的，其实只是同类事物的不同表现罢了。

詹姆斯·格雷克在其旷世之作《混沌》一书中，就描述了混沌学这种新科学或新领域应该如何跨越多个现有的学科：气象学、物理学、流体力学、信息科学、数学（以及数学里的各个分支）。气象学家爱德华·洛伦兹就首先做了这样的工作。

因此，现今出现了两种趋势。一种趋势是日益增强的专业化和分隔化。随着知识的日益丰富和调查研究方法的日益完备，每个人现在都可以运用专业工具专注于研究某一学科的某个小小层面。某一学科的专家往往无法和邻近学科的专家互相沟通，因为他们各自所用的语言、概念、数学和考虑因素都不相同。但这一切都是不可避免的，而且也不是任何一个人的错。

另一种趋势就是，随着我们知道得越多、挖掘得越深，我们日益发现整个组织的运作程序和系统是横跨数个学科或领域的。在很多情况下，为了了解某个领域，经常会需要借助另一个领域的观念和技巧。未来的哲学家们可能同时也是脑神经学家，而且我们现在也已经看到很多信息学家是如何借助脑神经科学来设计神经网络系统的。

新的研究计划经常需要一组精心设计的科际整合团队（包括数学家、物理学家、生物学家、信息学家、材料物理学家等等）。正如当我们发现潜在的运作机制以后旧的分类方法就失效一样，科际间的差异也会逐渐消失，当然，数量刻度之类的差别仍是存在的。例如，分子物理学家所用的量度必然和经济学家不一样，而经济学家需要知道一些混沌理论以及非线性系统的知识，甚至还要知道人类大脑的神经基础，才能深入理解人类的感知与选择行为如何影响到整体经济的发展。

然而，各种基金组织仍然处于传统的分类思维当中。事实上，如果一个项目看起来跨越了学科界限，研发资金就会因此中断，因为原本的项目研究已经变成了另一个学科的事情。行政上的清楚界定常常落后于实际上的学科进展。

在传统领域中要找出专家很容易，但要在新的领域中找到专家就十分困难，除非这个领域已经发展到某一程度。跨学科的通才更不容易出现，因为他们在任何一个单一的领域中都比不上该领域的专家。

在未来，如果要充分开发科技的潜力，我们就应该对整个专业化和分隔化的领域做出重新思考。我们应该创造出跨学科的专业化和界面语言，让知识可以流动。我们还应该把“思考”作为一门独立的学问加以建立。

大　学 ▶▶▶

正如“大学”这个词隐含的意义一样，大学想要达到的目标太过繁多。在历史上，大学曾经试图教授所有有关人类知识的学科，但这已经离我们很遥远了。

大学的目的在于鼓励学术、研究和教育。于是，大学就成了投身于专门研究人类文明某个层面的学者的聚集之地，而他们的研究成果相互交织，就形成了人类文化的根源。这些学者再也找不到比大学更好的聚集地了。

大学这种文化开拓的功能，或许正意味着大量的资源都被捆绑到了历史、语言、文学和哲学等部门。人们固执于历史研究，这一点我在本书前面提到过，其偏颇之处在于它只代表了过去的历史，是从过去历史（比如文艺复兴）中攫取出来的经验和教训。历史系的研究成果丰硕，足以吸引莘莘学子投入其中，而且历史部门也大到可以为自己的地位进行辩护，历史研究也许最容易达到备受世人推崇的学术地位。的确，学术这个词几乎就是历史警觉度和历史观的同义词，对那些不想成为技术人员的学者而言，历史和语言文学正好提供了一个“综合的”环境。

在美国，越来越多的学生投身于法律和企业管理，因为他们把这些知识视为日后商业活动的合适基础与背景。

然而在数学、科学、医学和其他各种不同的技术领域中，大学里的训练或多或少都带有职业导向的味道。既然社会需要这类人才，就必须要有地方来训练这类人才。有些国家（比如德国）就在高等的专业技术学院里培训这样的人才。

因此，大学既有文化层面，又有科技层面。对社会来说，这两个层面都相当重要但也十分单调。虽然研发直接促成了新创意和新进步，但并没有真正的证据可以表明大学仍然是最佳的研究场所。在过去，大部分的研究成果都来源于大学，因为大学是唯一的研究机构。但自从公司开始独立进行研发以来，就有很多研究成果出自于公司、企业界。有一些研究者不想或不善于在大学从事教学，还有一些不同于大学的专门研究机构开始设立，比如，普林斯顿高级研究院就是一例。

大学想要保持自身的独立性，因为它们害怕成为政府的直属单位而被迫顺从政府政策，比如：“训练更多的电机工程师”。但独立性也同时意味着无效率的民主，如果每个现有部门都有权投票决定是否设立一个新部门，那么新部门恐怕永远也无法诞生。英国的剑桥大学就发生过这样的事情，它直到1850年才认可数学是一个独立的学科，而直到现在还没有设立出一个商学院。

大学非常容易流于师徒传承的模式，也就是说，新的上任者都来自于已经存在的派系。大学也是一个官僚体系，它把维持既定的方向看得比其他任何事情都重要。大学具有牢固的历史基础，也因如此，现在是时候去改变大学的观念，为教育、研究和文化传承松绑了。

大学确实发挥了良好的作用，但是把同样的资源转为他用的话，可能会有更好的成效出现。

交　流 ▶▶▶

语言可能是我们阻挡我们进步的唯一最重要的障碍，我们之所以无法取得进步，很可能是因为无法超越语言的最终限制。在前面的内容中，我谈到了语言作为一种思考系统的局限，其实，语言在这方面的表现远比我们想象的要差，而我们却一直把语言的流畅性视若珍宝。

对大部分人来说，交流的媒介是语言，包括书籍、报纸、广播、电视、谈话、政治演说、讨论、评论，等等。

现在，确实有一些优秀的科学新闻记者、经济新闻记者和政治评论家，但在过去，进入新闻界的人素质都不怎么高。企业家们忙于经营，科学家们忙于研发，大家很少有机会直接相互交流，于是大部分的交流都是通过中介媒体，也就是我们所泛指的“新闻记者”来进行。

然而，能够理解各个不同领域的新闻记者少之又少，于是他们便求助于三件法宝：人性的视角，哗众取宠，批评攻击。他们的新闻报道并不是为了揭示事实，而是为了吸引大家的“兴趣焦点”，其循规蹈矩的表现十分明显。商业民主也有其循规蹈矩的一面，只要读者或观众的人数越多，广告的收看率就越高，研究大众市场也就越有必要。冲突对立比协调一致更扣人心弦，所以媒体一般会把意见分歧的地方大肆渲染。谣言丑闻更能成为街头巷尾的趣谈，所以媒体一般会捕风捉影，而不论事实真相。

所有这些都构成了媒体在报道“真相”方面的缺陷，正如感知中不存在真相一样，媒体报道也无真相可言。偏颇和有选择的感知是无可避免的，人们总是基于某种特定的观点来进行感知。比如，电影画面中的血腥镜头虽然引人注目，但它可能只是整部电影的一小部分，而且很可能与电影要表达的主题毫不相干，这就像一群人中间有一个人受伤流血了，摄影镜头就会马上聚焦在流血的这个人身上。你尽可以谴责感知的片面性，但这改变不了什么，因为这就是媒体的本质，也是这类游戏的本质。

媒体可以直接影响感知，也是宣扬是非善恶的力量，因此媒体在以下改革运动中扮演着重要的角色：提高产品品质、提倡健康食品和身体锻炼（运用明显的健康效果）、号召环保、消除种族歧视和性别歧视、宣扬吸烟有害，等等。在所有这些运动中，媒体都是极佳的宣传机器。在有些领域，媒体可以推动变革、催生新的感知，在有些领域，媒体则会强化旧有的感知。媒体采取行动的标准就是看“什么更能吸引眼球”。

包　装 ▶▶▶

如果广告真的有效，社会将无法容忍它的存在，这也是为什么我们还不允许潜意识广告出炉的原因。也许将来有一天，当我们对感知已经了如指掌时，就可以创作出一些极具说服力、迫使人们不得不照做的好广告。

在政治上，政治人物或候选人的包装已经成为一种技巧性十足的运作。从群众的反馈和调查中，就可以预测出人们对某些事物的反应方式。例如，在1988年的美国总统大选中，候选人表现出的温和态度便是这种包装成果，它所依据的信息就是“不要激怒群众”，以及“让他们从你的讲话中听到他们想要的”。然而，记者们却可能会叫嚣着让候选人讲一些严峻激烈的政策宣示，好让他们有东西可写。不过，道高一尺、魔高一丈，竞选幕僚们早已对此洞若观火、深谙其道。里根就把每个上过电视的人所知的表现方式展露无遗——其实没有人会仔细倾听你应该说些什么，他们只是看你这个人怎么样。竞选幕僚们对此也十分清楚。

这些都不是什么新鲜事。富兰克林就曾经请乔治·盖洛普测试一下人们对具有争议性的演说会有什么反应，如果测试结果是正面的，他就进行这样的演说。可见，我们已经越来越精于包装之道。

现在，我们拥有空前之多的感知工具，实在没有必要再借由逻辑来打动民心，而诉诸情感也没那么重要了，于是，政治斗争最后会演变为感知的斗争。因此，我们需要花更多的心思在思考的感知方面，就像我在本书中努力尝试的一样。

实际成果摘要

现在，我们已经到达一系列进展的最后阶段，这一系列进展包括：

1. 考察大脑的自我组织模型，并将自我组织的信息系统和桌面系统做出比较。

2. 考察感知行为如何直接源于自我组织系统的行为。

3. 考察我们对感知的理解对传统的思考习惯及其缺点有何影响。

4. 考察社会及其制度的思考方式。

在这一节，我将把所有这些综合到一起，并对其中一些的实践成果做一摘要。这些实际成果有很多，小到非常特定的(比如创造性思考工具)，大到一般的（比如关注语言的缺陷)。有些成果很简单直观，但有些值得进一步深究。正如我在本书中一再强调的，我并不是要提供所有问题的答案，我只是想指出这些问题需要严肃认真的关注。本书隐含的一些要点，我没有在下面列出来，读者们可以自行留意思考。

基本上，这些实际成果可以分为两类：

1. 根据我们对感知本质的理解，而直接产生出来的实用要点。

2. 经由对感知的理解，而被暴露出来的传统思考习惯的缺陷。

自 满

我们对传统思考系统的自满与自足是十分令人惊讶的。我们一直受困于桌面逻辑，以致它几乎成了一种信仰系统。结果，我们只能用既定的方式看世界，而我们所看到的又强化了既定的方式。我们如此陶醉于传统思考在技术性事务上取得的巨大成功，以致把处理人类事务方面的失败归咎成人性的刚愎自用。

需要更多的努力和关注

我们需要对自身的思考系统和本书提及的各个问题给予更多的关注，因为这些都是最基本的（人类思考的本质），但却最为人所忽略。多年前，我之所以离开学术领域（我曾任教于牛津大学、剑桥大学、伦敦大学以及哈佛大学），就是因为在那里很难找到可以追求这些目标的方法。因为这些方法并不单独符合心理学、哲学或数学理论，而是需要跨越多个学科领域的。

系统基础

有史以来，人们第一次能有一个模拟大脑运作的模型，这就是本书提到的自我组织模型。这个模型开启了整个思考尤其是感知的领域，我们现在可以把大脑看成一个能以复杂方式来进行精神活动的简单机制。

传统哲学已死

传统哲学只能作为一种文字游戏继续存在，很多哲学家都已提出这样的结论。在将来，哲学家们需要对系统行为和不同信息系统模型做出全面的理解，对自我组织的模式形成系统尤其如此。而其余的只不过是用有限的词汇来描述我们不理解的事物罢了。

感　知

我们对消极信息系统和积极（自我组织的）信息系统之间差异的了解，可以让我们开始去探索感知，就像我在本书中所做的一样。我们可以开始了解感知的逻辑，并借此寻求在人类事务的处理上获得重大变革。

精神疾病

大脑的自我组织模型可以帮助我们对精神疾病获得新的洞见。例如，妄想症其实是一种“含义过度”的情况，精神分裂症是一种“含义错乱”的情况，自闭症则是一种“缺乏含义”的情况。在自我组织的模型中，我们可以明确指出导致这类行为的缺陷，只要出现了任何一个缺陷，就会引发我们所知的精神疾病。我们已经找到许多原因来解释各种精神疾病的发作，但其中有些原因包含着大量的错误。不过，我们可以从单纯的描述阶段，进一步发展到提出假说的阶段，然后借由各种方法来验证这些假说。

自由意志

我们可以了解自由意志之类事物的生理学基础，可以开始了解在确定性系统中如何实现自由意志，这具有深远的意义。例如，这将使我们对一些违法者的惩罚有据可依，即使这些违法者本身无法控制自己的行为，而这和我们关于司法公正的传统观念是相对立的。

改变演化观

我们迫切需要重新思考传统的演化模型，有许多证据显示这个模型是不足的。例如，为了进一步理解，我们可能要先把现有的概念拆解成许多元素，再将这些元素用不同的方式进行重组，而范式转换也需要这种变革。

我们对这种传统进化模型的自满，导致我们长期依靠批判性思考、争论和解决问题等方法来推动变革，然而，所有这些方法都是充满缺陷、成效有限的。

争　论

对我们的传统思维体系和现实生活中的法律、政治和科学进步等制度组织来说，争论都是必不可少的中心。然而，我们应该对这一方法的有效性进行严肃的重新思考。如果争论的目的是为了"考察"事物，那么有许多更好的办法可以满足这一目标，而且我们也可以设计出更新更好的考察方法来。争论的有效性依赖于有关绝对性的假设，以及想象力的缺乏。争论的极端化、扭曲性和冲突性是不言自明的。

批判性思考

我们一直高度推崇批判性思考，因为我们一直相信“追求真理”就是思考的全部。这种误导性认知的结果，就是让我们一直忽略了思考的生产性、建设性、创造性和设计性等层面。新的概念、新的感知、新的假设、新的设计都有待于我们去创造，它们只是还没有被我们发现而已。我们还需要认识到，批判性思考一点都不难，由于你可以选择参照系，所以批判性思考其实是一种非常简单的思考。我们的确需要批判性思考，但只能把它当作思考的一部分，而这一点是非常重要的。我们还需意识到，最有效的批判性思考其实是创造性思考，因为产生不同解释的能力是摧毁唯一性的有力方式。同时，能够想象出行动的结局和结果，也是对行动本身最好的批判。

冲　突

我们一直以为只有经过冲突才能达成变革，这个观念使我们深陷对变革的负面理解之中，因为它意味着确定敌人、憎恨敌人和攻击敌人。然而，这常常是不切实际而且无法成功的，它无法促成我们真正需要的变革。其实，我们完全可能设计出具有正面意义的变革。

分　析

我们必须认清光靠信息分析是不够的，因为在这些信息里，我们只能找出自己早已拥有的想法，这种现象直接起源于感知的本质，所以光靠分析来做决策是绝对不够的，还必须进一步发展出创造性的感知技巧。科学领域中存在着一种传统信仰，即相信最合理的假设，这种信仰也是错误的，因为它使我们只能在既定假设的框架内看待信息数据。因此，创立其他的假设是十分重要的，即使这些假设不那么合理。

解决问题

“解决问题”这种传统方法存在的主要缺陷，就是它只能把我们带回原来的地方。在商业、政治和社会进步方面，“解决问题”的思维已经严重限制了进步的发生。我们应该把解决问题看成是“设计”的对立面，而设计意味着向着我们需要的境地前进。我们必须停止把所有的思考都看成是“解决问题”，因为这只会把我们限制在真正思考的某个小层面而已。

真理和绝对性

我们需要仔细地重新思考关于“真理”的定义。真理有建构出来的真理，比如数学中的公理；也有感知性真理，比如信仰；还有相对真理，比如权威的意见只适用于特定情况的真理，以及我们拥有的所有概念。真理顶多被定义成可以得出特定结果的特定情况的集合。在对真理的传统理解中，我们一直视真理具有绝对性，即认为真理是独立的、放之四海而皆准的，但这种僵化的绝对性使真理无法有效地引领我们进步。因此，我们需要设计一些“水的逻辑”系统，而摒弃那些“岩石逻辑”系统。当然，这并不意味着提倡“相对主义”或者“凡事都可”，我们只是需要进行实用主义的整合。

描　述

我们必须非常清楚地意识到自己对描述的运用。一些描述只不过是用华丽语言装饰起来的花拳绣腿，一些描述则可以让我们感受事物的异同，还有一些描述是设计假说的练习。所以，描述可以非常有用，也可能误导我们浪费精力和时间。

对历史的沉迷

我们得摆脱对历史的沉迷，因为它会扼杀、榨取太多的才华与资源。过于沉迷于历史会影响前瞻“设计”的努力，因为历史所提供的概念会限制我们的感知，而且在日新月异的当代引用历史经验实际上很可能是危险的。

仅有智商是不够的

一般认为智商（表现在分析、逻辑和争辩）就是一切，这在许多方面而言都是危险的，因为智商的重点在于逻辑技巧，而不是在现实思考和行为中真正重要的感知技巧。一个高智商的聪明人可以避免明显的错误，并组合出连贯的观点，但这种能力往往使聪明人受到蒙蔽而不自知，更不会想到要去发展复杂的思考技巧。显然，只是避免思考中的错误是远远不够的。

语　言

我们必须更加充分地认识到语言的无效率和蒙蔽性。语言中表达价值的形容词所直接体现的情感诉求，和表达“嘲讽”的形容词所产生的阴险意味，构成了我们感知的内容，并决定了可以运用的模式范围。感知模式所存在的流域现象，以及逻辑的确定性、同一性和类别性，使得逻辑几乎可以用来证明任何一种情况。此外，语言还是集无知之大成的百科全书，因为偏颇的感知都被定型为固定的文字组合，进而限制了我们的思考空间。我们必须认识到，语言根本不是思考的媒介，而只是一种交流的媒介，而通过文字组合来表达后见之明，只会阻碍我们发展出更丰富的语言词汇来对事物进行最原初的感知（例如，运用一些简单的字词来描述人与人之间的关系）。

极端化

语言的二分法习惯（我们/他们，朋友/敌人，专制/自由）导致了粗糙和危险的感知。二分法对传统的思考习惯来说非常重要，借由二分法我们就可以运用矛盾律。实际上，这可能是思考传统中最具破坏性的一面。我们需要开辟出中间地带，创造出整个感知的变动范围，需要知道在某种情况下的分类在其他情况下并不适用，还需要创造一些新的概念来超越二分法，例如把“朋友/敌人”当作同一个概念而不是两个概念。

越多越好

传统的固定分类的习惯导致了拉弗曲线（或称“盐巴”曲线）一类的问题，也就是说，如果某件事物是好的，那么它就越多越好。桌面逻辑一遇上这种问题就会束手无策，其结果就是引发社会的无效率（例如，美国多如牛毛的法律事务所就是这种情况）。

有限的看门者

文化或思维趋势变革的看门人一般是文学传统中的人，他们常常无法了解文学以外的术语，于是这些术语就会受到忽略或者未被充分地展现出来。结果，就造成社会与潜在的变革无缘，而永远沉湎于语言文化的有限思考之中。

了解感知

我们一直都能描述感知，并觉得感知是思考中重要的一部分。我们曾经试图将逻辑运用于感知，但收效甚微，并发现自己不过是将逻辑建立在其他的感知上而已。终于，我们第一次开始了解感知。之所以如此，是因为我们现在可以把感知看成是自我组织系统的自然行为，也认识到感知并非杂乱无章，而是有其本身的逻辑。感知的逻辑是自我组织系统不可避免的行为。

感知和情感

我们现在可以开始了解情感是如何改变感知的，这是情境作用于感知的一般效果之一，而努力改变情境就可以改变感知。

感知和信仰

自我组织系统的循环性使信仰非常容易被建立起来，但我们迟迟未能意识到，信仰实际上只需要一丁点的现实基础就可以轻而易举地建立起来。同时，信仰的感知性真理可以非常强烈，因此，哪怕信仰本身是错误的，它也可以提供一种组织系统、价值系统和意义框架。

感知和真理

除非是信仰系统内的循环真理，否则，感知毫无真理可言。我们不应该指望媒体做到客观公正、实事求是，因为媒体本身就是感知系统的一种延伸。我们最好是接受这一事实，而不要假装有其他的可能。

偏见和逻辑

一旦我们了解了感知的基础，我们就会明白为什么逻辑无法改变偏见、信仰、情感或感知。多年以来，我们在逻辑运用上耗尽心力，却屡遭挫折。现在，我们可以了解，只有感知和情感才能够改变偏见一类的东西，即使是实验也做不到这一点。这就是我们亟须发展出特定的感知技巧的原因（例如学校教育中的 CoRT 课程）。

时间序列

感知的建立和长时间的经验顺序高度相关，而在任一时刻，感知都高度依赖于那一时刻之前的时间序列。思想意识可以对提示、声明、演说、谈判、宣传等发挥实际效果，虽然这种效果已经广为人知，但系统基础显示，这些效果远比我们所想象的还要重要。

重　建

感知的“触发”效果意味着我们可以建立或重建原本不存

在的事物。这并不是一种不诚实或欺诈，实际上，无论你多么力求诚实客观，感知都是可疑的，因为我们只会看到我们想看到的。

我们准备看到什么

当我们自以为在分析数据时，实际上不过是在通过既定的范式和有限的概念来看待事物而已。将来，当我们回过头来看到同样的数据时，也许会得出不一样的看法。因此，出于实际的理由，我们应当透过新的感知重新检验旧的数据，而我们也有必要来创造和聆听新的概念。

无　知

我们的研究传统一直坚持，在某个领域内着手研究某个题目时，应当先了解该领域内的所有知识。然而，一旦我们过于意识到既存的概念，我们就可能只会以完全相同的老方法去研究问题。由此，就出现了两难的困境。一方面，知识不足将使我们流于抄袭，无法在既有的研究基础上有所建树。另一方面，知识过多又会导致我们丧失原创性。有些办法还是可以让我们避免这样的窘境，不过，在任何一种情况下，请记住一点，过多的研究会产生过犹不及的负面效果。

幽　默

我们可以用一种新的观点来看待幽默。幽默并不是大脑的奇特行为，而是自我组织系统的一种重要行为。正因如此，幽默是显示大脑是个自我组织系统（至少在感知层面）的最好指标之一。幽默的模式转换对创造力和洞见而言是个很好的模型。

诗　歌

我们可以看出诗歌的逻辑就是“水的逻辑”，诗意不是像逻辑推导那样按顺序表达出来的，而是一层一层堆积出来的。诗歌之所以可以表达这样的意境，是由于自我组织系统的“敏感”和“准备”效果所致。

地　层

地层是一种新的语法形式，它就像诗歌那样利用自我组织系统的敏感行为，它的含义是通过各个不同的表述一层一层建立起来的，而每一层与其他层不必有逻辑联系。地层的数量以四到五层为宜。

六顶思考帽

这是帮助我们进行有意识思考的工具，它们直接建基于感知的“敏感”和“情境”行为。每一顶思考帽都以一种刻意人为的方式设立出新的情境，也就是说，我们不必再坐等情境的自然改变，而是可以采取适当的步骤来主动改变情境。

注　意

大脑的自我组织模型解释了“注意”这一重要的现象，并展示了我们的注意力是如何从一个领域转向另一个领域的。这个模型还揭示了为什么注意力是“单一”的，即我们在同一时间内只能关注一个点。通过对注意的了解，我们就能在几个实用的方向上获得进展。

感知工具

CoRT 思考工具如今已经在全世界广为使用，教导着数百万名学生。这些工具直接建立在自我组织模型的基础之上，它们提供了简单的注意力指引。在大部分感知性思考中，注意力总是“从这个点到那个点”地流动，但 CoRT 指引注意力的思考工具却可以帮助我们控制思考的流动方向。结果，注意的范围更广了，层次更深了，而学生们也能够借由这些工具考察行动的后果、其他人的观点，以及其他的选择方案等。

趣味机制

很快，我们就会研究出“趣味”的基本机制。究竟是什么使电视节目看起来“有趣”？这种趣味并不需要依托于实际的内容。理解趣味机制对节目策划人来说尤其有用，因为他们将借此变成趣味的设计师。同样，这对广告商和宣传者也非常有用。

艺术中的注意力流动

我们也许会发觉到，成功的艺术作品就是一种注意力的舞蹈艺术，而这可能也正是美学的基础。注意力要流向何处？注意力要停留多久？怎样把注意力吸引回来？

操控感知

一旦我们了解了感知的逻辑，就会存在一种危险的倾向，即操控感知，以达到在广告宣传、政治运动和媒体评论方面的各种目的。这并不是什么新鲜事，艺术、文学、政治竞选和广告宣传早已在做这样的事了，只是我们可能变得过分精于此道，而让社会忍无可忍。逻辑和批判性思考是不会保护我们的，因为它们只能在相同的感知框架下运作。也因如此，认真而直接地发展出“感知性思考”（比如CoRT）就显得非常重要。

零度坚持

经过对大脑自我组织系统的模式行为的了解，我们知道需要有一种“零度坚持”的工具，使我们将不存在于经验（激发）的模式描述出来，以免过快地滑入到既定的模式当中。

“这和……一样”

我们有一种强烈的倾向把新事物看成是旧事物的翻版。一般而言这是有用的，因为它帮助我们把既有的模式延伸开来，从而可以涵盖新的情况。然而，这也是一种危险的习性，因为它把突然出现的新情况当成是已熟知、不值得去注意的东西，从而阻碍了进步的发生。“这和……一样”这句话很容易脱口而出，即使新事物与旧事物的相似程度微乎其微，于是，本应对新主意给予的关注和考察就这样被中止了，这是值得我们警惕的。

理解创造力

我们知道创造无时无刻不在发生，我们可以描述创造的过程，甚至总结出创造的特征，但这些远远不足。现在，我们有史以来第一次可以理解创造力的“逻辑”，这种逻辑直接来自于自我组织系统中自然形成的模式非对称性。因此，从自我组织的模型里，我们可以直接用一种前所未有的方式来理解创造力。

激发的逻辑

在传统的逻辑系统中，激发是不可想象的。传统逻辑系统不会容许一些毫无意义或者毫不相干的东西存在。但是，在自我组织的系统中，激发不仅符合逻辑，而且还具有数学理论上的必要性。激发的逻辑可以用“po”来表示，这是我多年以前发明的一个用法。

洞见的逻辑

如果你从某一点进入一个模式，你可能得顺着一条很长的路走下去，但如果你换另一个点进入同一个模式，你可能会发现一条截然不同的捷径。正是模式的这种自然行为导致我们获得了“洞见”，亦即突然间对事物有了不同的看法。

水平思考的特定工具

通过理解创造力、激发的逻辑和洞见的逻辑，我们可以设计出特定的创造性思考工具。我们不用再坐等灵感的到来，而是可以有意识地运用这些工具来创造新的概念和新的创意。这些工具就是水平思考的特定工具，它们现在已经得到广泛应用，并且成效卓著，而这些工具是不可能在传统的思维系统中产生的。例如，在传统思维系统中，“随机输入”这个技巧简直就像是胡说八道，然而在自我组织的系统中，“随机输入”却很有意义，并取得了十分好的实际效果。

抗拒改变

我们对感知的理解帮助我们明白了为什么人们会抗拒改变。我们既定的感知、概念、模型和范式都是对历史的总结，我们只能通过这些框架来观察世界。如果出现了新的事物，我们就无法理解它，或者，即使我们理解了新事物，但发现它和旧有的感知格格不入，就会驱使自己去攻击它。因此，无论何时，我们都只能通过旧的参考框架去作判断。例如，“岩石逻辑”下的判断和绝对性概念就使我们很难理解“水的逻辑”是如何起作用的。另一种对变革的抗拒则来自于“这和……一样”的反应，那些执著于旧观念的人尤其会对新事物采取敌视。

下一步

我们采取的下一步在很大程度上依赖于我们在此时此刻所处的位置。要获得改变，我们可能需要退后几步，以便朝着新的方向前进，而这是非常难做到的。所有的事情都与其他事情环环相扣，而所有的概念和感知也相互支撑，并织成了一张密密麻麻的大网。这就意味着，任何一个成功的改革战略都应该提供一个没有退路的、容易前进的方向。因此，理解自我组织式的信息系统非常关键，它可以帮助我们重新检视整个思考系统。

教　育

传统的教育注重信息、分析和一些批判性思考，这对传统的思维体系而言可能已经足够。但从新的观点来看，教育只完成了应有任务的一半，因为教育还需要有意识地去关注感知性思考技巧，而这类技巧与文学艺术所重视的技巧是不同的。教育需要关注做事情的操作性和技巧性，需要关注如何进行广义上的设计思考，需要意识到思考的建设性、生产性和创造性，因为反应式思考和解决问题的做法并不足以推动人们改变社会。然而遗憾的是，教育深深锁定在传统的概念模式之中，很难发生我们所需要的变革。

大　学

整体而言，大学并没有培养出社会所需要的冒险精神。每个国家的大学都吸收了大量的人力、财力和物力，以推动社会知识的进步。然而，许多资源都被浪费在单一的文化传承上。如果把一些资源投入到“知识冒险”当中，可能会更加有效率，因为“知识冒险”的重点不在于保护传统或献身历史，而在于开拓出新的领域。通常，这些新的领域横跨了多个学科，因而不可能只出现于单一的某个学科当中。

分　隔

专业分工的结果是让每个领域越发展越专精，直到每件事物都被细分成各个小的分类，而各个分类之间的联系也越来越少。因此，我们需要找到办法跨越各个学科，促成人们之间的相互交流。我们需要克服行政界限以打破对人们流动的限制，还需要基本的概念语言让人们进行相互交流。在任何一个专业领域内发生的感知和概念都应该让每个人觉得通俗易懂。

短线思考

大部分的社会机构最终都会倾向于短线思考。由于受到赞助资金日益增长的压力，人们都迫不及待地想要尽快见到成果，而出成果就意味着因应当时当地的需要。这种短线思考的重点完全在于解决问题，没有给设计、猜测和研究更大范围的课题留出多少空间。新闻记者一般认为未来就是当下，所以把握住此时此刻就是把握未来。然而，考察和设计一般需要很长时间才能达成有意义和有价值的成果，而这些重要的成果极有可能引发出新的设计或新的范式。

循规蹈矩

当游戏按照其规则结束时，我们就称之为“循规蹈矩”。循规蹈矩就像一个行动的信仰系统：所做的一切都是用来支持正在做的一切。除非有办法产生新的观念或创意，否则几乎所有的机构都会安于这种“自我组织”的稳定现状，官僚体系就是其中一例。这也是我们依靠演化来寻求变革所体现出的另一个错误。

后向学习

模式形成系统强烈推荐后向学习，因为它比前向学习更有效率。后向学习还有待于落实到具体细节，比如，当处理复杂事物时，后向学习意味着什么？这些有待于进一步的研究。

新语言

我现在正在研究一种用于思考的新语言，它可以帮助我们形成更为丰富的感知，而不会背负着一般语言的包袱。

水的逻辑

我们需要澄清和发展水的逻辑，使它变成一种实用的系统。“hodics”系统就是朝着这个方向前进的一步，稍后在附录中我们会谈到它。

希　望

如果我们觉得自己已经达到了思考系统的极限，那我们就没什么希望可言了。可以预见到，未来将有层出不穷的问题淹没我们，这虽然令人沮丧，但通过新思维，我们完全可以重新点燃对更美好未来的希望。革新不一定是负面的，正面积极的革新也完全可以发生，而这种革新必须首先来自于我们思考态度的变革。思考并非只是追求正确和避免错误的过程，思考是为了美好的未来所做的考察、创新和设计。

总 结

多少世纪以来，我们一直在传统思维体系下做事，以致深信传统的思维体系就是唯一可能的系统。诚然，真理和推论都绝对是无可替代的，而且是不可超越的，这些也是传统思维体系本身的必然要求。而拥有一个建立在真理和推论基础上的系统，也是切实可行、无可厚非的。

当我们开始去了解自我组织的系统时，我们发现神经网络可以以自我组织的方式来运作。本书所展现的简单的自我组织的神经网络模型，就显示了少数的交互作用是如何产生复杂行为的。我们应该忽略这一理解大脑运作的重大进展吗？我们应该武断地宣称这种理解是耸人听闻的吗？

自我组织系统在感知以及传统思考习惯上的含意非常深广，我在本书中已经指出了其中部分含意，而且在很多事例中都一再说明了这些含意的内容。这些含意基本分为两类，第一类是对感知运作方式的理解，包括幽默、创造、模式流域、信仰的循环性等，这让我们了解到为什么感知如此有用但也如此不实。第二类含意则指出了传统思维体系的缺陷，包括绝对性、分类、同一性和矛盾性等。由此，我们可以轻而易举地了解到有缺陷的传统思维体系不仅导致人类事务产生了严重问题（战争、种族歧视，等等），而且妨碍了我们在解决这些问题上获得进步。

在此，我们有一些选择。我们可以简单地对我所写的以及所指出的传统思维体系的缺点（至少在某些方面）置之不理，但这样做非常愚蠢，因为这个问题是非常基本的，只要没解决它，它就会一再出现，而且一次比一次严重。既然我们已经了解了自我组织的模式形成系统，就无法再对它置之不理了。

即使没有详细地了解，我们也可以在广义上接受本书提出的观点。我们可以接受它，然后忽略它并继续使用原有的思维体系，就当什么事也没发生过一样。但是，已经出现的想法很难再被压制下去，于是，我们就会对传统思维体系的骄傲自满日益产生怀疑。

我们可以赞成本书有效地描述了大脑的运作方式，而且这种描述突显了人类大脑的杂乱性和不可靠性，从而感叹于古希腊思想家竟然带给我们这样一种井井有条的、实用的思维体系（运用绝对性和逻辑）。大部分人都会这么想，但还有一个问题有待回答：为什么我们处理人类事务远不如处理技术事务那样成功呢？

我们可以赞成本书对感知的描述，而感知也是最有价值、最有用的。了解感知后，才进入思考的第二个层面，即借由人为建立的系统（逻辑、数学等）来对感知进行处理。这是一个令人满意的观点，而它意味着我们应当重新看待逻辑。由于从未了解感知，我们一直试图把传统的逻辑思考直接运用于世界，然而，一旦认识到感知是第一位的，我们就必须花费大量的时间来研究感知的逻辑，因为这极其重要。我们会由此发现，大量的思考其实都发生在感知阶段。

如果我们确实体会到感知是思考中相当重要的一部分，我将感到十分欣慰，因为只要认识到这一点，就会很快发现传统的桌面逻辑并不适用（正如我在本书中展示的），而我们必须更好地理解感知，并设计出可以有意识使用的感知技巧（比如学校教育中的 CoRT 思维课程）。感知已经变成了一个我们必须去开拓研究的领域。

这就是本书的目的所在：把人们的关注焦点转移到感知的重要性上。

附录：水的逻辑

我在本书的几个地方都提到过“水的逻辑”，并把它与传统的“岩石逻辑”做出对比。之所以用“水的逻辑”这个名称，也是为了加深人们对两者之间差异的印象，在这里，我将更详细地说明这些差异。

岩石是固定的、永恒不变的、生硬的，它可以代表传统思考的绝对性（像岩石一样坚固不变）。水和岩石一样都是真实存在的，但是水既不固定也不生硬，而且水的形状也不是永恒不变的。

岩石棱角分明，有固定的形状，传统思维中的定义分类就像这样，我们判断事物时，都是看它是否符合哪一种类别。水虽然也有其边界，但这边界会随着地势的改变而改变。

水可以装满一个碗或一个湖，它会顺着地势地形的变化随时调整，水的逻辑就意味着根据条件和情况的改变而改变。而岩石不论处于哪种地势，都只会维持相同的形状，如果把它放在碗里，它会保持原状，不会根据碗的形状进行调整。就这样，传统思维的绝对性本质使思考本身独立于情境，而不会因为情境的改变而改变。

如果你往水里加水，新的水就会变成整体的一部分，但如果你往岩石上垒岩石，你只会得到两块岩石。水的这种相加并相互吸收的特质正反映了诗歌的效果，也就是新的意境会被吸收容纳到整首诗歌的整体意境当中，这也是新式语法“地层”的基础，亦即增加的新情境会变成整体情境的一部分。

我们可以说这块岩石和另一块岩石的形状“是”一样的或者“不是”一样的，因为岩石都有固定的形状。水会从高处向低处流，我们不用“是”（is）而用“向”（to）这个词来表达水朝着哪个方向流动。

在传统的（岩石）逻辑中，我们基于是非对错来做出判断。在感知的（水的）逻辑中，我们只用“适合”和“流动”的概念。“它适合于这种情况和条件吗？”“流动”的概念则是指“这个地形适合水往这个方向流动吗？”适合和流动都具有相同的含义，只不过适合涵盖的是静态的情况，流动涵盖的是动态的情况。这就好比在问：这些水适合这个湖或这个洞吗？这条河是朝着这个方向流动的吗？

真理是具有某种特定结果的情境集合，真理的定义既包含适合（情境集合）的概念，也包含流动（结果）的概念。

冲突双方都会说自己是对的，并且会运用逻辑证明自己是对的。传统思考旨在寻求哪一方是“对”的，水的逻辑则认为双方都是对的，只不过各自的结论都是植根于不同的情况、情境和观点。

在本书前面的内容里，我们看到传统思考具有拉弗曲线或“盐巴”曲线之类的问题，亦即“如果法律是好的，那么法律越多越好”，“如果盐巴是好的，那么盐巴曲线越多越好”这样的误区。然而在水的逻辑中，这种问题是不会发生的，因为东西“数量”的多寡影响到东西的价值。这里要强调的是，水的逻辑高度依赖于定义良好的情境和条件，而传统的岩石逻辑却与情境和条件毫不相关。

我们必须注意到自己已经沉浸在岩石逻辑中很长时间了，这使得水的逻辑在我们眼里乍看起来是非常实际的，它似乎奉行“凡事皆可”，丝毫不做出任何判断或决定。事实上，水的逻辑并非如此，就像水的行为得到妥善定义，它不会逆流而上、违反重力原理一样，水的逻辑的行为也是被妥善定义的。我们还需要做大量的工作来习惯岩石逻辑和水的逻辑之间的差别。

接下来的一个例子就说明了岩石逻辑和水的逻辑之间的差别。一位妇女提着一个电壶走进一家小商店，要求店员为她换一个，因为她手里的电壶是坏的。

店员 A 说道：“很抱歉，您的电壶不可能是在这里买的，因为我们没有卖这种牌子，所以我们不能为您更换。”

店员 B 说道：“您确定这个电壶是在我们这儿买的吗？收据在哪里？很抱歉，除非您能证明你确实是在我们店里买的，否则恕难更换。”

这两个店员用的都是岩石逻辑，他们只想到事情究竟“是”什么样而已。

店员 C 则说道：“好的，我们当然会换一个电壶给你，很抱歉给您带来了麻烦。”

店员 C 知道这个电壶不是在他们的店里买的，因为他们并没有卖那种牌子的电壶，所以这个妇女一定是搞错了。但是，店员 C 感兴趣的不是事情究竟“是”怎样，而是这个情况可能会导“向”什么结果，而这个结果就是特别的客户服务。这看似荒谬，但实际研究显示，花在客户服务上的每一元钱可以经由销售量的增加和顾客忠诚度的提升而得到五元钱的回报。

但是，如果店员C的这种好意被滥用，又会发生什么样的情况呢？当出现滥用的情况时，你就必须应付处理，而店员们也可以运用自己的感知来判断客户是否真的搞错了。你往杯子里放一块石头，当你把杯子倾斜时，石头不是在杯子里，就是滑落了出来，这就是“要么都是，要么都不是”（all or none）的效果。水就不会这样，你可以倒出一部分水，但杯子里仍然保留了一部分水。